太阳系

撰文/徐毅宏　　审订/陈文屏

中国盲文出版社

怎样使用《新视野学习百科》？

请带着好奇、快乐的心情，
展开一趟丰富、有趣的学习旅程！

1 开始正式进入本书之前，请先戴上神奇的思考帽，从书名想一想，这本书可能会说些什么呢？

2 神奇的思考帽一共有6顶，每次戴上一顶，并根据帽子下的指示来动动脑。

3 接下来，进入目录，浏览一下，看看这本书的结构是什么，可以帮助你建立整体的概念。

4 现在，开始正式进行这本书的探索啰！本书共14个单元，循序渐进，系统地说明本书主要知识。

5 英语关键词：选取在日常生活中实用的相关英语单词，让你随时可以秀一下，也可以帮助上网找资料。

6 新视野学习单：各式各样的题目设计，帮助加深学习效果。

7 我想知道……：这本书也可以倒过来读呢！你可以从最后这个单元的各种问题，来学习本书的各种知识，让阅读和学习更有变化！

神奇的思考帽

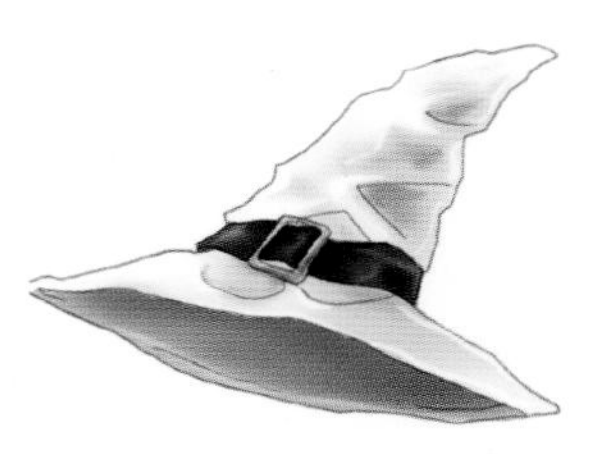

客观地想一想

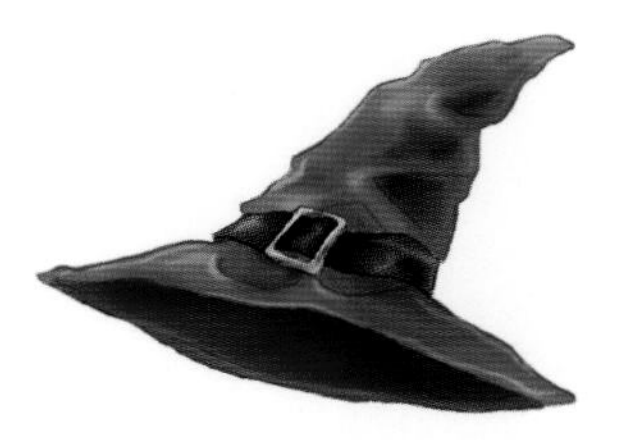

用直觉想一想

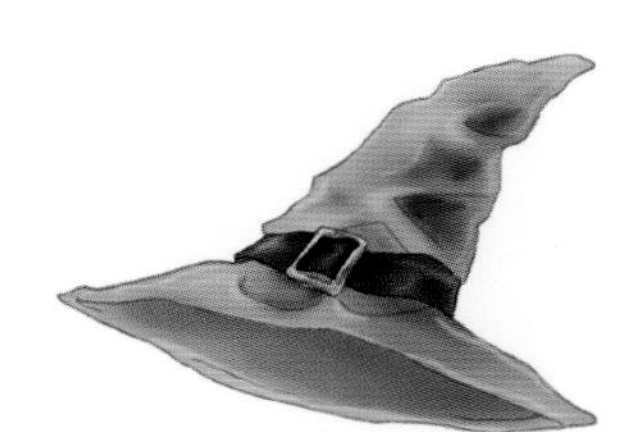

想一想优点

想一想缺点

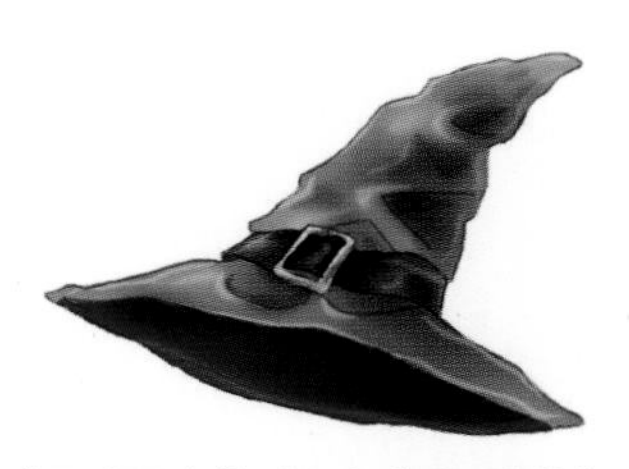

想得越有创意越好

综合起来想一想

? 太阳系中除了地球，还有哪些天体？

? 你觉得哪颗行星最美丽？

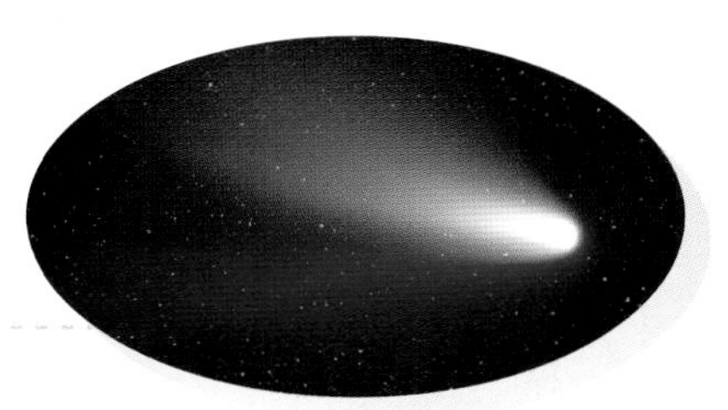

? 太阳系的天体带给我们哪些罕见或壮观的天象？

? 如果小行星撞上地球，会造成什么后果？

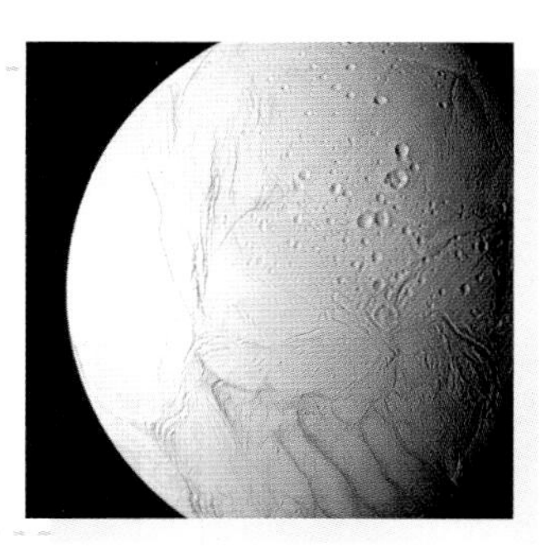

? 如果可以太空旅行，你最想到哪个行星探险？

? 人类对太阳系的研究有哪些重要成果？

目录

C O N T E N T S

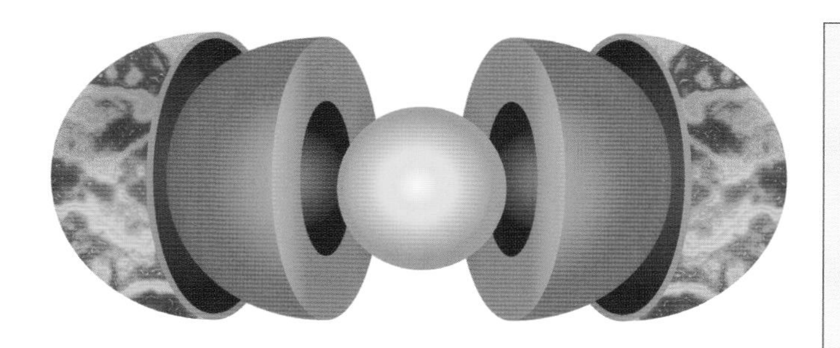

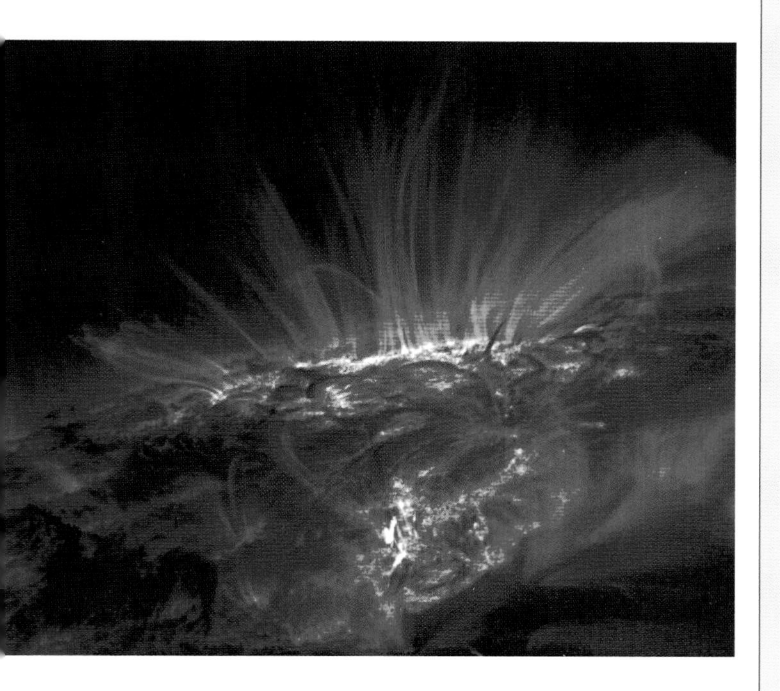

■专栏

单元1

太阳系

（太阳系八大行星，图片提供/维基百科）

人类存在的太阳系，是由恒星太阳以及在它周围绕行的天体所组成，主要成员包括八大行星及其卫星、小行星及彗星。

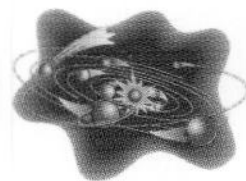

太阳系的成员

早期的天文学资料，都记载太阳系有九大行星。但2006年8月24日召开的第26届国际天文学联合会全体大会，对太阳系成员的身份认定做出重大改变：体积、质量过小的冥王星被降格为矮行星，九大行星只剩下八颗；同时将太阳系其他天体分为矮行星与太阳系小天体两类。

卫星并不是太阳系小天体，因为它绕行公转的对象是行星，而不是太阳。图为木卫一埃欧。（图片提供/维基百科）

国际天文学联合会对太阳系成员分类的依据，是天体本身万有引力产生的影响，规则有三条：一、天体是否围绕太阳公转；二、天体质量是否足够大，以至于自身引力能让外观呈现近似圆球形；三、天体是否能清除轨道附近的物质，以至于没有其他天体共享轨道。依据新定义，行星必须符合所有条件，矮行星则符合规则一与二，只符合规则一的被列为太阳系小天体。目前太阳系小天体包括小行星、柯伊伯带（Kuiper Belt）天体、星际间的流星体及彗星等，不包括卫星。

太阳系的八大行星并不是同时发现的，接近太阳系中心的水、金、火、木、土星早在人类古文明时期就被观测到，但外围的天王星与海王星，则是在近代天文学与较进步的观测技术确立后才被发现的。（插画/吴仪宽）

类地行星包括水星、金星、地球及火星，它们的共同特点是由金属或岩石等固态物质构成星球本体。（图片提供/维基百科）

IAU——国际天文学联合会

国际天文学联合会于1919年成立，是由世界各国的国家级天文组织，以及拥有博士学位以上或对天文学研究、教育推广有贡献的天文学者组成。它是国际承认的天文学术机构，负责统一天文学名词定义，以及恒星、小行星、卫星与彗星等新天体的英文命名。国际天文学联合会每3年召开1次全体会议，实务工作则由12个不同学术领域的分会及下属的37个委员会和90个工作小组负责，它们针对各种天文事件召开会议进行研讨。

IAU中的行星科学命名委员会负责天体的命名工作，下图的矮行星Eris即由它命名。（图片提供/维基百科）

太阳及八大行星资料

名　称	公转轨道半径	赤道直径	质量	自转周期	公转周期
太 阳Sun	--	109	333400	609.12小时	--
水 星Mercury	0.387	0.382	0.055	1407.5小时	88日
金 星Venus	0.72	0.949	0.82	5832小时	224.7日
地 球Earth	1	1	1	23.93小时	365.2日
火 星Mars	1.524	0.53	0.11	24.6小时	686.9日
木 星Jupiter	5.20	11.2	318	9.93小时	4330.6日
土 星Saturn	9.54	9.41	95	10.66小时	10755.7日
天王星Uranus	19.22	3.98	14.6	17.24小时	30687.2日
海王星Neptune	30.06	3.81	17.2	16.11小时	60190日

※八大行星的赤道直径、质量，均以地球为度量单位，而轨道半径则以天文单位（地球与太阳的距离）为计算单位。

太阳系的结构与范围

太阳是太阳系最重要的天体，占有总体质量的99.9%，其他天体则在太阳的引力影响下，以接近圆形的椭圆轨道公转。太阳系的成员，由内向外依次是太阳、水星、金星、地球、火星、木星、土星、天王星与海王星。此外，在火星、木星之间存在着小天体密布的小行星带，而海王星轨道外则有柯伊伯带。

由于太阳引力影响的范围相当广，要定义太阳系的边界并不容易。目前天文学家对太阳系边界的定义，为太阳风所能到达的最远距离——120天文单位，这距离是太阳到海王星平均距离的4倍。

1977年发射的旅行者1号探测器，目前已经到达太阳系最外缘的太阳风层，是目前航行最远的探测器。（插画/穆雅卿）

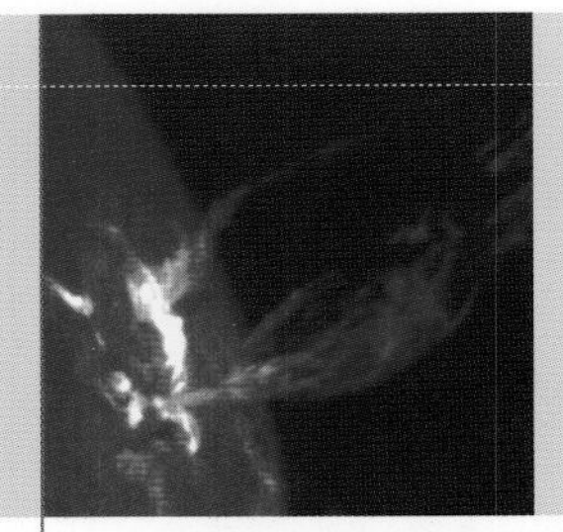

单元2

太阳系大家长：太阳

（太阳喷发的日珥，图片提供/维基百科）

太阳是一颗由氢、氦元素构成的炽热火球，是整个太阳系天体的绕行中心，而它持续散发出来的光、热，也影响着所有的太阳系天体。

 太阳的六层构造

太阳结构可以依温度及能量传输方式分为六层。最内层为核心，厚度约占太阳半径1/5；核心温度高达1,500万K（开氏温标），氢元素在此进行核聚变反应并产生巨大能量。这些能量以辐射方式向外发散，通过的区域称为辐射层。再往外则以气体对流传递能量，称为对流层。能量继续向外发散，直到接近太阳表面的大气圈。

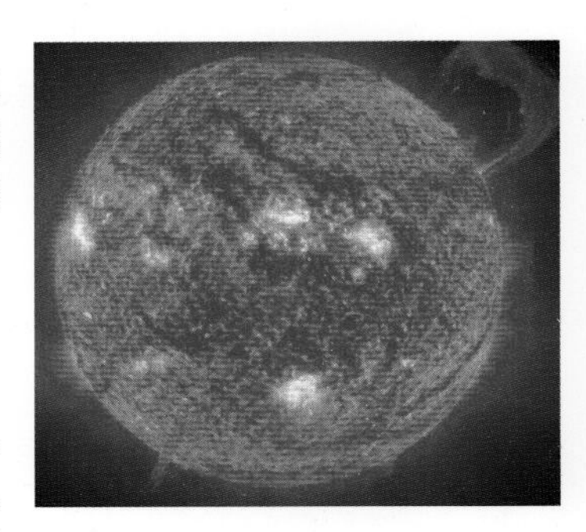

太阳是太阳系最大的天体，同时也是太阳系唯一的恒星，它散发的能量可以影响各行星的大气状态及地表特征。（图片提供/维基百科）

太阳的大气圈包含光球层、色球层及日冕。光球层是我们能用肉眼见到的太阳表面，温度大约是5,800K。从光球层开始，太阳能量可以直接发散到太空中。光球层外的色球层及日冕亮度不如光球层，只有在日全食时才能以肉眼观测到。

TRACE是由美国国家航空航天局（NASA）发射的太空望远镜，主要负责观察太阳的表面活动。（图片提供/维基百科）

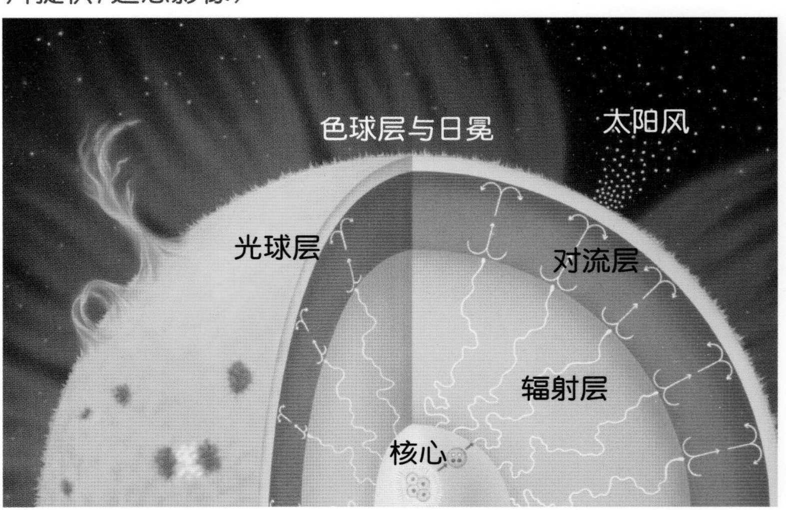

氢元素在太阳核心进行的核聚变反应，是太阳所有能量的来源，辐射层与对流层只负责传递能量到太阳表层。能量抵达表层后，会以各种粒子或辐射的方式向四周扩散，其中喷发出的气体粒子充斥在太阳系中，便是太阳风。（图片提供/达志影像）

太阳活动周期

太阳表面的黑子数目并不是永远固定不变的，它以大约11年的周期在增减，这个周期就是太阳黑子周期。当太阳活动处于极小期时，太阳表面几乎看不到黑子；随着周期演进，黑子先是在中纬区出现，然后数量逐渐增加，诞生区域也逐渐移往赤道附近。在太阳活动极大期时，太阳表面各种活动都会变得剧烈而频繁，随之产生的太阳辐射也不断增强。对地球最直接的影响就是影响全球的无线通信，例如手机信号不良，或是GPS无法接收来自太空的卫星信号等。

太阳活动剧烈时产生的太阳风，在吹过地球极区时会作用于地球大气层，产生绚丽的极光。（图片提供/维基百科）

右图：太阳黑子是太阳表面温度较低的区域，但在这些区域里，太阳还是在持续进行喷发等活动。（图片提供/维基百科）

日全食时，光球层会被月亮遮挡，这时可以看到太阳的色球层与日冕。（图片提供/维基百科，摄影/Luc Viatour）

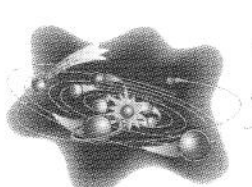

太阳的表面活动

太阳本身具有磁场，当磁场发生变化时，会在太阳表面引发剧烈活动，如出现太阳黑子、日珥及闪焰等。当磁场活动使太阳内部能量供给异常时，光球层的部分区域温度会降低而形成太阳黑子。磁场活动剧烈时，色球层物质会沿着磁场向外猛烈喷发，外观像太阳的耳朵，因而称为日珥。日珥在磁场的影响下多呈现弧形，依据喷发时间的长短分为活动日珥及宁静日珥。活动日珥喷发时间由几个小时到几个星期不等；宁静日珥发展非常缓慢，时间可达几个月。

太阳表面有时会突然发生猛烈喷发，称为闪焰或耀斑。温度可以升高到数千万度，并放射出包括无线电波、可见光、X射线及伽玛射线等各种辐射，对地球无线通信造成相当大的影响。

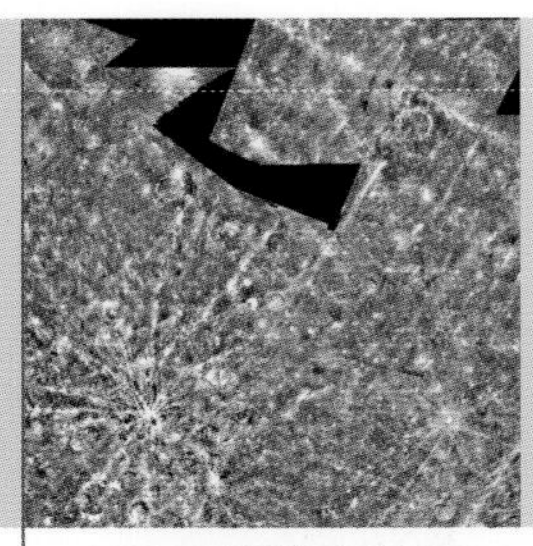

酷寒而炙热的地狱：水星

（贝多芬撞击坑洞，图片提供/NASA）

水星是太阳系里最接近太阳的行星，由于它在天空中过于接近耀眼的太阳，因此难以用肉眼观测到。天文学家哥白尼就曾说过，没有亲眼见过水星是他一生中最大的遗憾。

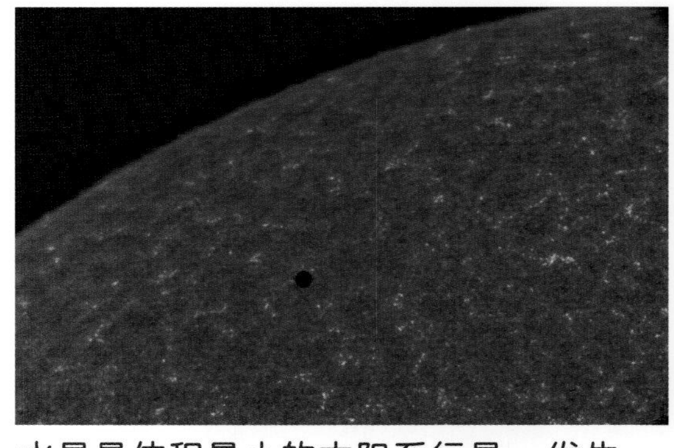

水星是体积最小的太阳系行星，发生水星凌日天象时，可以在日面上观测到小小的水星轮廓。（图片提供/达志影像）

坑洞遍布的地表

水星是八大行星中最小的行星，它的照片常被误认为是月球，因为水星和月球一样，表面布满许多被陨石撞击而留下的坑洞，但两者的不同之处在于水星的坑洞比月球少。另外，水星表面还有称为皱脊的悬崖地形，绵延达数百千米、高低相差数千米。

水星的大气层相当稀薄，因此水手10号探测器可以拍摄到相当清晰的地表。图为布满许多陨石撞击坑洞的水星表面。（图片提供/NASA）

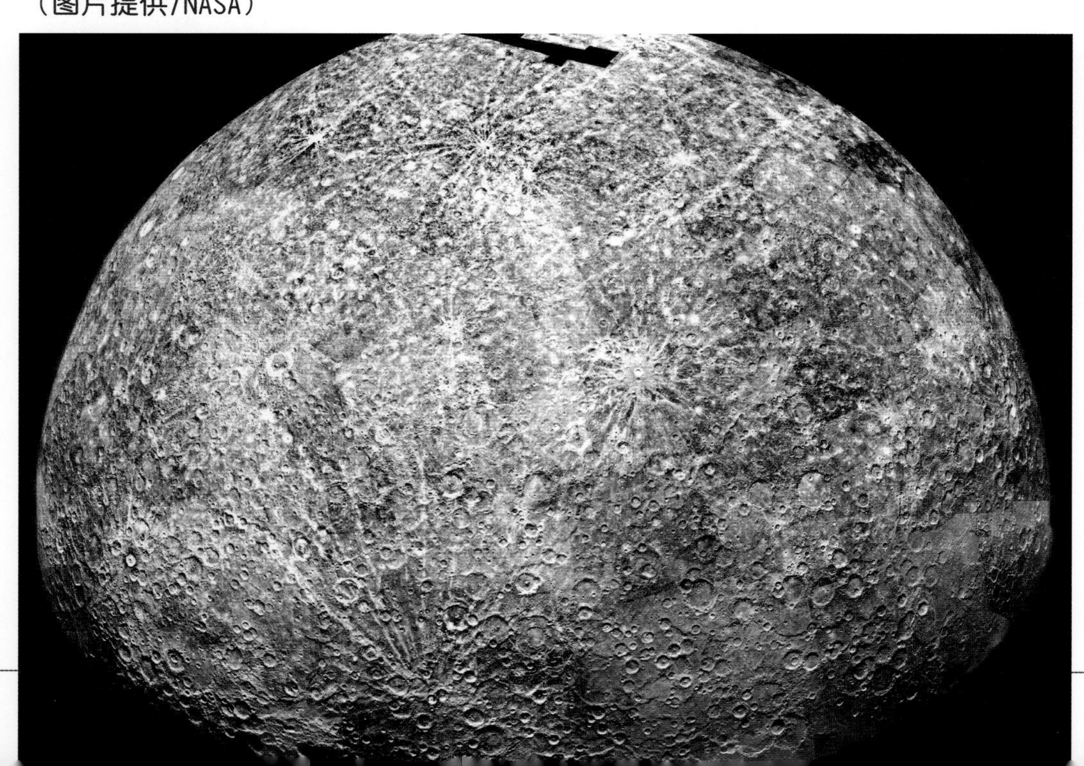

根据天文学家的推测，水星表面坑洞较少的原因，是大约40亿年前陨石密集撞击水星时，水星正好处于火山活跃期，许多由陨石撞击产生的坑洞，便被火山喷发的岩浆填平。其中面积最大的卡路里盆地（Caloris Basin）直径约1,300千米，是太阳系里最大

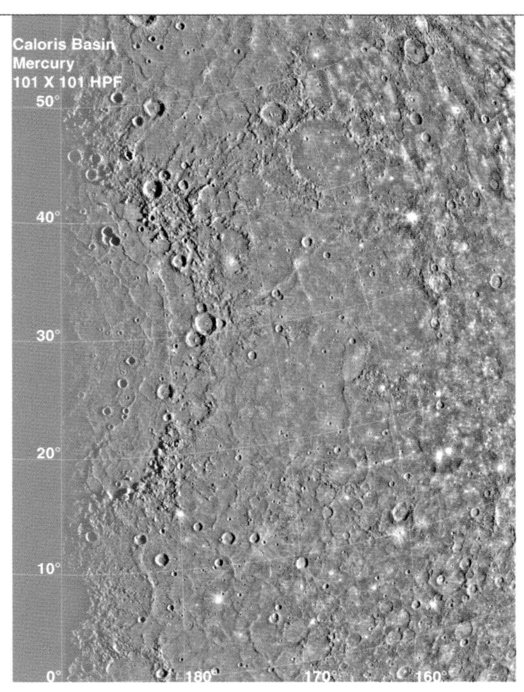

卡路里盆地是水星面积最大的撞击盆地，位于水星地表的北纬20°—40°，图中左侧是盆地边缘。（图片提供/NASA）

的撞击盆地之一。科学家相信这是由直径约100千米的小行星撞击水星表面造成的。至于水星表面特有的皱脊地形，则是水星形成后在冷却收缩的过程中，受本身万有引力影响而出现的地壳碎裂现象。

稀薄的大气层

水星非常靠近太阳，在自转时面对太阳的表面，温度最高可达470℃，气体分子十分活跃；加上水星的质量小，远比地球微弱的万有引力

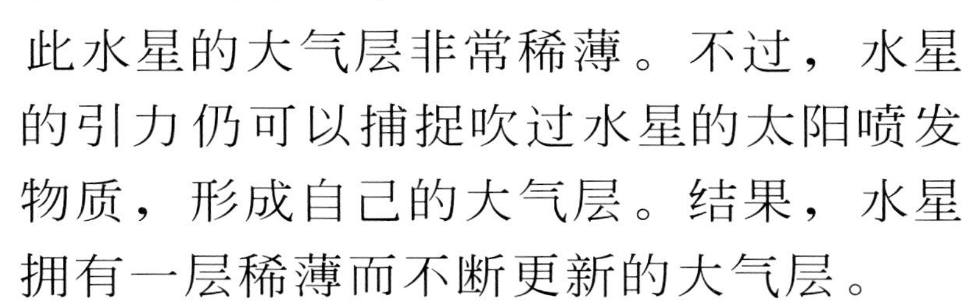

水手10号是目前唯一前往水星附近进行探测的探测器，但也只拍摄到约45%的水星表面。（图片提供/维基百科）

拉不住气体分子，因此水星的大气层非常稀薄。不过，水星的引力仍可以捕捉吹过水星的太阳喷发物质，形成自己的大气层。结果，水星拥有一层稀薄而不断更新的大气层。

由于水星缺乏像地球一样的浓厚大气层，无法减缓星球表面的温度变化或调节气候，因此接受阳光照射的水星表面温度极高，但没有受到太阳照射的另一面，温度却可低到-170℃。水星日夜温差高达600℃，是八大行星中昼夜温度变化最剧烈的地方。

时间错置的水星

水星的公转速度快，因而以罗马众神的信使——速度之神Mercury（墨丘利）为名。但它的自转却相当缓慢，让水星上的时间观念与地球大不相同。根据行星公转与自转的定义，1个水星年只有88个地球日，但1个水星日（自转一圈）却是59个地球日。一个人在水星上，要看到两次太阳升起，大约要176个地球日，大约2个水星年。

美国国家航空航天局于2004年8月发射信使号探测器，自2011年起探测水星。图为组装中的信使号探测器。（图片提供/NASA）

（探测金星的先驱者12号探测器，图片提供/维基百科）

单元4

璀璨明亮的黄金星球：金星

除了太阳与月亮，金星是天空中最明亮的天体。由于它与水星一样只能在清晨或黄昏观测到，因此古代的中国人将它当成两颗不同的星星，清晨出现在东方时叫做启明，黄昏出现在西方时称为长庚。

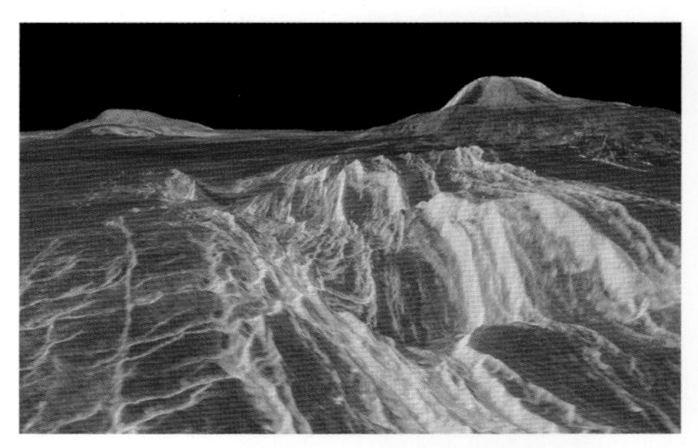

图为电脑将探测器传回的资料模拟呈现的金星地表，以起伏不大的平原为主。（图片提供/NASA）

与地球类似的地形

金星直径约是地球的95%，质量则是地球的82%，密度与地球接近，是八大行星中与地球最类似的。天文学家常称金星为地球的姊妹星，并推测两者的组成元素及地质结构很类似，例如金星也有金属核心，以及会发生地质活动的地壳，少数地区还有活跃的火山活动。金星表面大部分被喷发后冷却的火山熔岩流覆盖，地形以平原、低地及高度不高的盾状火山为主，不过在南、北半球各有一块高度超过2,000米的高原，面积分别与澳大利亚及南美洲相同。由于金星的英文名字Venus是爱情女神维纳斯，因此各种地形也都以现实或神话中的女性命名。

金星结构可分为三层，分别是金属构成的地核、熔岩构成的地幔以及由岩石组成的地壳。（插画/穆雅卿）

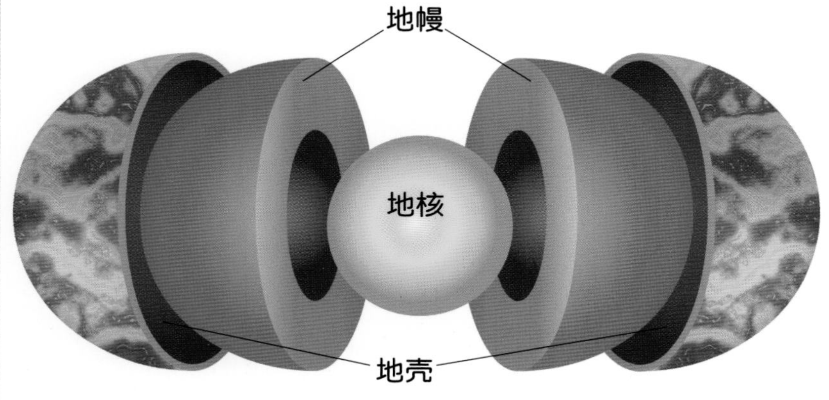

金星的自转方向与地球不同，由北极上方往下看是顺时针旋转，这代表在金星上太阳是由西边升起、东边落下，而它也是太阳系唯一按顺时针方向自转的行星。金星自转1周大约需要243个地球日，而公转1周约225个地球日，在金星上生活真的是度日如年。

制造高温的大气层

金星拥有十分浓密的大气层，地表的大气压力大约是地球的90倍，相当于1,000米深海底的压力。金星大气的主要成分是约占96%的二氧化碳，其余则是3%的氮及其他气体；而距地表30—40千米处的高空，则是由二氧化硫与硫酸组成的云层。这层浓硫酸云可以反射超过60%的太阳光，让金星成为最明亮的行星，也阻挡来自太阳的大部分热能。

但即使有硫酸云层阻隔阳光，金星地表的平均温度还是高达500℃，比水星还要炎热。这是因为大气中的大量二氧化碳造成强烈的温室效应，使得地表及大气层内的热量无法向太空散失，让金星变成炽热的地狱。

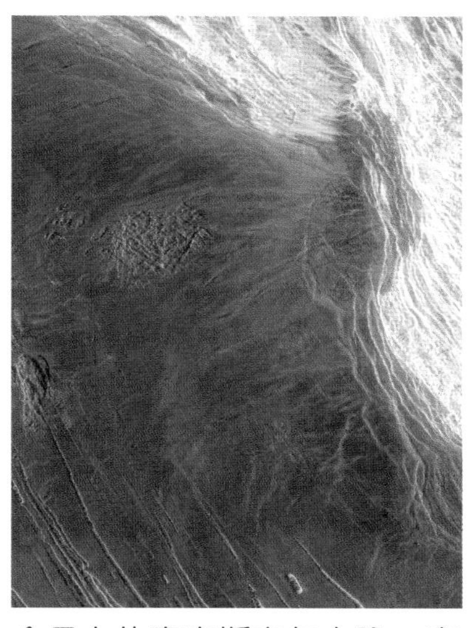

金星上的麦克斯韦尔山脉，高度超过1万米，是金星上最高的山脉。（图片提供/NASA）

来自太阳的光线有超过60%被金星云层反射，剩下的能量进入大气层后被地表吸收再辐射出来，但温室效应让热量无法逃逸，使得地表气温极高。（插画/吴仪宽）

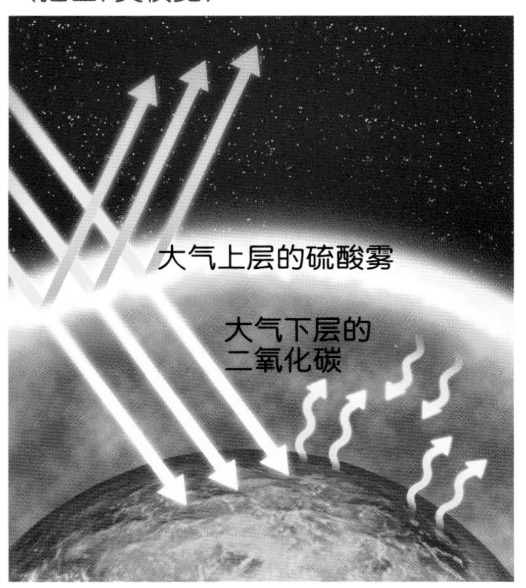

金星凌日

金星、水星的轨道都位于地球与太阳之间，因此称为内行星。当太阳、地球与内行星排成一条直线时，就会出现类似日、月食的天象，但因内行星的影子较小，只会看到太阳表面有个小黑点，称为凌日。金星发生凌日的频率比水星低，平均120年只会发生两次，而且两次仅相隔8年。21世纪第一次金星凌日发生于2004年6月8日，另一次发生于2012年6月6日。

金星凌日是罕见的天象，过去天文学家以发生凌日时的金星影子直径，来计算地球与太阳的距离。（图片提供/维基百科）

单元5

生命繁盛的摇篮：地球

（大峡谷，图片提供/GFDL，摄影/selbst gemacht）

地球是太阳系行星中地位最特殊的一个成员，它是我们居住的行星，也是目前天文学家发现唯一有生命居住的星球。

地球表面超过70%的面积被液态水覆盖，让地球成为一颗蓝色星球，而大气层中的白色云层，也是由水蒸气凝结而成。（图片提供/NASA）

天文学的度量指标

人类最初并不认为地球是一颗星球，直到16世纪哥白尼提出日心说，人们才开始意识到地球也是太阳系行星之一，它的地位也从最早的宇宙中心，逐渐变成八大行星中距离太阳第三近的行星。

地球是人类的居住地，因此许多与地球有关的数值都成为天文学的单位或参考数据，例如地球与太阳的平均距离被定为天文单位（A.U.），是太阳系里的距离测量单位；地球自转与公转的时间，也成为与其他行星的自转、公转周期相比较的基础。此外，目前推测出的地球年龄为45亿—46亿年，也因为地球形成晚于太阳，而成为太阳预测年龄的下限。

适合孕育生命的环境

地球属于由岩石物质构成的类地

地球是目前人类发现唯一拥有生物的星球。图为美洲野牛。（图片提供/维基百科）

行星，它的质量并不特别重，却是八大行星里密度最大的。这是因为铁、镍金属构成的地核厚度，占了地球总体半径的将近一半，加上外层是岩石构成的地幔、地壳，让地球的平均密度比质量最大的木星还要高。

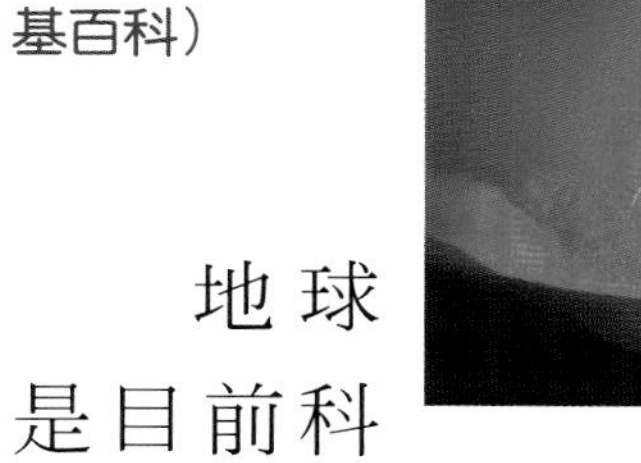
地球的地壳活动相当活跃而频繁，在板块交界处，火山喷发、地震等不时发生。（图片提供/维基百科）

地球是目前科学家确认唯一有生命存在的行星，拥有液态水及适当的大气层，是生物能在地球繁衍的关键因素。液态水可以减缓气温变化、帮助生命进行生理作用；大气层中的氧气则能协助生物呼吸、产生能量。水只能在0℃—100℃维持液态，八大行星中只有地球能够维持这样的气温。氧气对生物有益，但过多也会让生物中毒，地球大气层中占78%的氮气，让氧气不致过浓，氮气的稳定化学特性更能让环境保持稳定，适合生物存活。八大行星的大气层中多半是氢、氦或二氧化碳，只有地球发展出这种适合生物繁衍的大气成分。

动手做太阳系吊饰

太阳系里的太阳及八大行星质量各不相同，你有没有想过利用它们质量大小的关系来玩平衡游戏呢？这里教你用报纸做出太阳系吊饰，将它们吊在一起玩。准备的材料有报纸、胶带、白胶、颜料、鱼线、竹筷、画笔、锥子、剪刀、黏土。

（制作/杨雅婷）

1.将九张报纸揉成纸团并用胶带固定，再用稀释过的白胶将碎报纸粘成纸团。

2.依照行星的实际外观，用颜料将纸团上色，涂成太阳及八大行星。

3.将黏土粘在鱼线及纸团接合处并调整重量，再依序将太阳及八颗行星绑在竹筷上，让吊饰上的所有星球保持平衡。

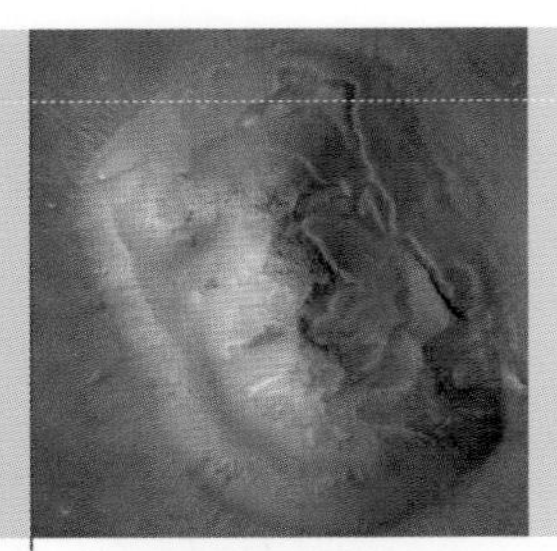

山高谷深的荒漠：火星

（曾被误认成人面的火星山脉，图片提供/维基百科）

火星有着醒目的红色外观，但这也让东西方的占星学家视它为不祥的象征。在中国，荧惑守心（火星接近天蝎座心宿二）象征皇帝驾崩、丞相下台；在西方，火星代表罗马神话中的战神马尔斯（Mars），常常带给人们各种灾难。

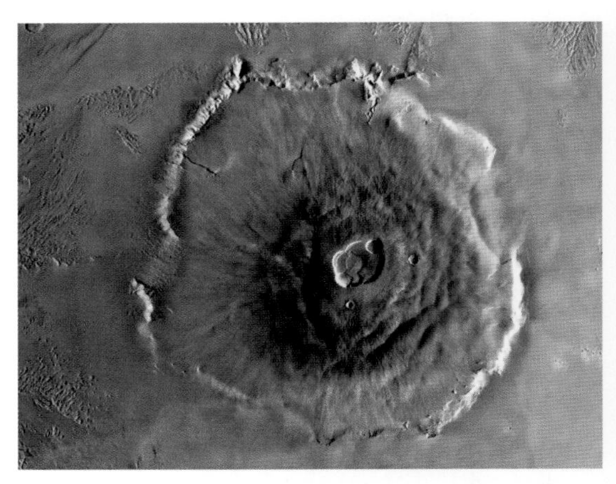

图为火星上的奥林帕斯火山，高度超过21千米，是目前太阳系里已知的最高山峰。（图片提供/NASA）

高低悬殊的地形

火星的地形，是八大行星中最壮观而有趣的。它的表面积与地球的陆地面积相近，而南北半球的地形大不相同。南半球的地质年代较古老，平坦的地形上布满陨石撞击的坑洞，而在较年轻的北半球上，则充满岩浆冷却产生的岩石、崩塌的洼洞与巨大的火山。火星上最壮观的地形有三处：一是位于赤道的巨型峡谷——水手号峡谷，另一处是北半球的奥林帕斯火山，第三处则是南半球的赫拉斯盆地。

这些壮观地形的形成，主要在于火星地壳几乎没有板块运动，结果地壳下的岩浆都由固定位置冒出，使得这些地区的高度不断累积，而低洼地区则缺乏岩浆将它填满。此外，火星的质量比较小，能将地表拉平的引力作用也较小，因此火星的表面才会出现像奥林帕斯火山、赫拉斯盆地这样高低相差悬殊的壮观地形。

图为1997年降落在火星地表的探路者号的探测车传回的地表影像，火星地表遍布大量砾石，并因含有大量氧化铁物质而呈火红色。（图片提供/维基百科）

夏季的大气变化

火星的地壳大部分由氧化铁与少许的水所组成，橙红色的氧化铁成分让火星在望远镜中呈现火红色。除了火红色地表，火星两极还有与地球类似的白色冰帽，称为极冠，主要成分是固态的二氧化碳（干冰）。极冠除了表面的干冰层外，下面还有水冰层和岩石层。夏季时，干冰层会完全升华，冰帽也因为剩下水冰层而面积缩小。升华的二氧化碳，则散逸到大气层里，使得大气密度增加。

位于火星赤道附近的水手号峡谷，长4,000千米，比美国东西海岸之间的距离还长，最深处有7,000米深。（图片提供/维基百科）

除了冰帽的变化，火星在季节交替时，还会出现席卷整个火星的沙尘暴。南半球的赫拉斯盆地因为地势低洼，浓厚大气在这里堆积而成为火星上气压最高的区域，当南半球处于夏天时，便成为狂乱沙尘暴形成的基地。受太阳加热而吹起的风，会刮起地面上的岩石碎屑，形成大规模的沙尘暴。

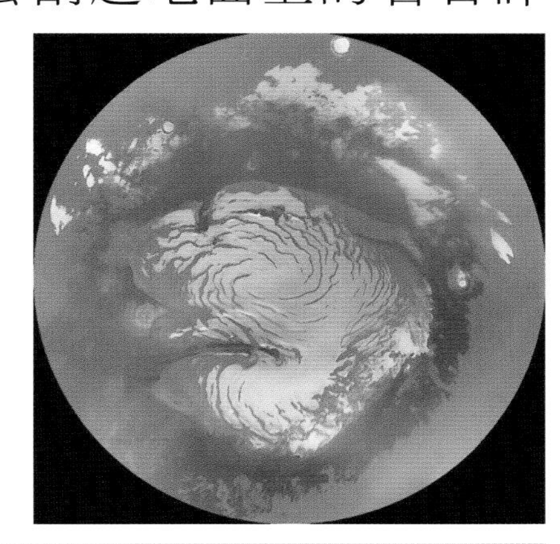

火星极区的冰帽与地球冰帽十分类似，面积会随季节变换而增减，两者差别只在于组成物质不同。（图片提供/NASA）

战神的一对儿子

1877年，美国天文学家霍尔在难得的火星大冲期间，发现火星的两颗卫星——火卫一和火卫二，并分别以希腊神话战神的两个儿子福波斯（Phobos）与德莫斯（Deimos）来为其命名。这两颗卫星直径只有几十千米，由于本身质量太小，因此无法借由引力形成球状的天体。这两颗卫星反射光的能力相当低，天文学家推论它们是由含碳较多的物质所构成，可能是火星从小行星带掳获来的天体。

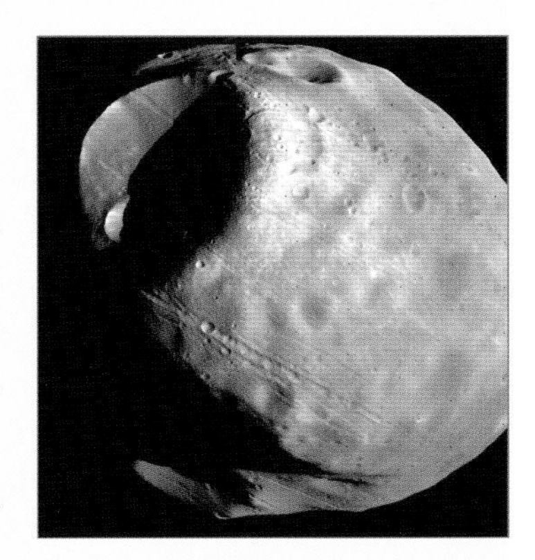

火卫一十分接近火星，天文学家预测它在未来会被火星的引力扯碎而成为一堆碎石。（图片提供/维基百科）

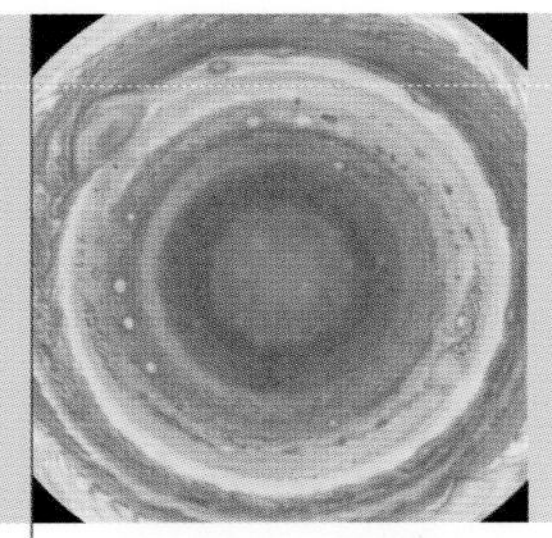

行星之王：木星

（从南极上空看木星，图片提供/NASA）

发出黄色光芒的木星，是天空中第四明亮的天体，亮度仅次于太阳、月亮及金星。木星是八大行星中体积最大的，质量更是其他七颗行星总和的2.5倍以上，是太阳系的行星之王。

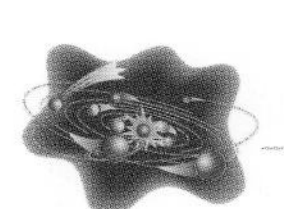

木星的第一

木星是由液态化的氢、氦等元素组成的行星，它的庞大质量形成强大的引力，可以牵引在太阳系运行的小行星或彗星，扮演太阳系吸尘器的角色。木星的存在让地球大幅减少被小行星撞击的危险，以至于地球上的生命得以存活至今。

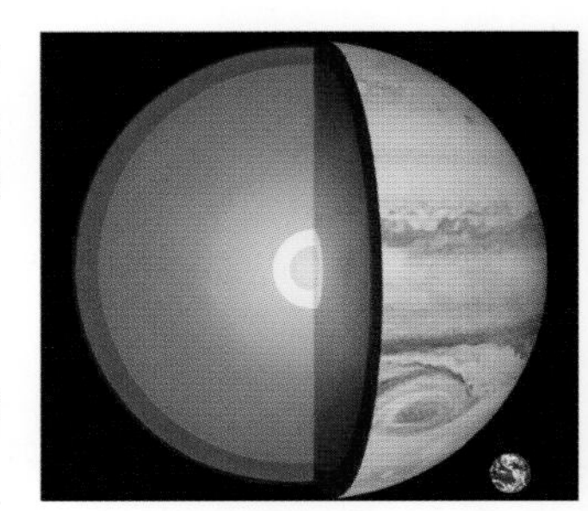

木星表层大气由氢、氦构成，向下随深度与压力增加而呈液态，核心则由岩石与铁构成。图右下角是地球。（图片提供/达志影像）

木星自转1周约9小时56分钟，是八大行星中自转速度最快的。由于木星的表面物质大多是气体，因此高速的自转将表面物质拉成带状的云，形成木星表面的红、白色带状条纹。另外，木星的自转速度会因纬度而有所不同，赤道快而两极慢，结果速度上的差异使得条纹交界处形成大小不一的涡流，这些涡流常被天文学家戏称为“台风”或“飓风”。

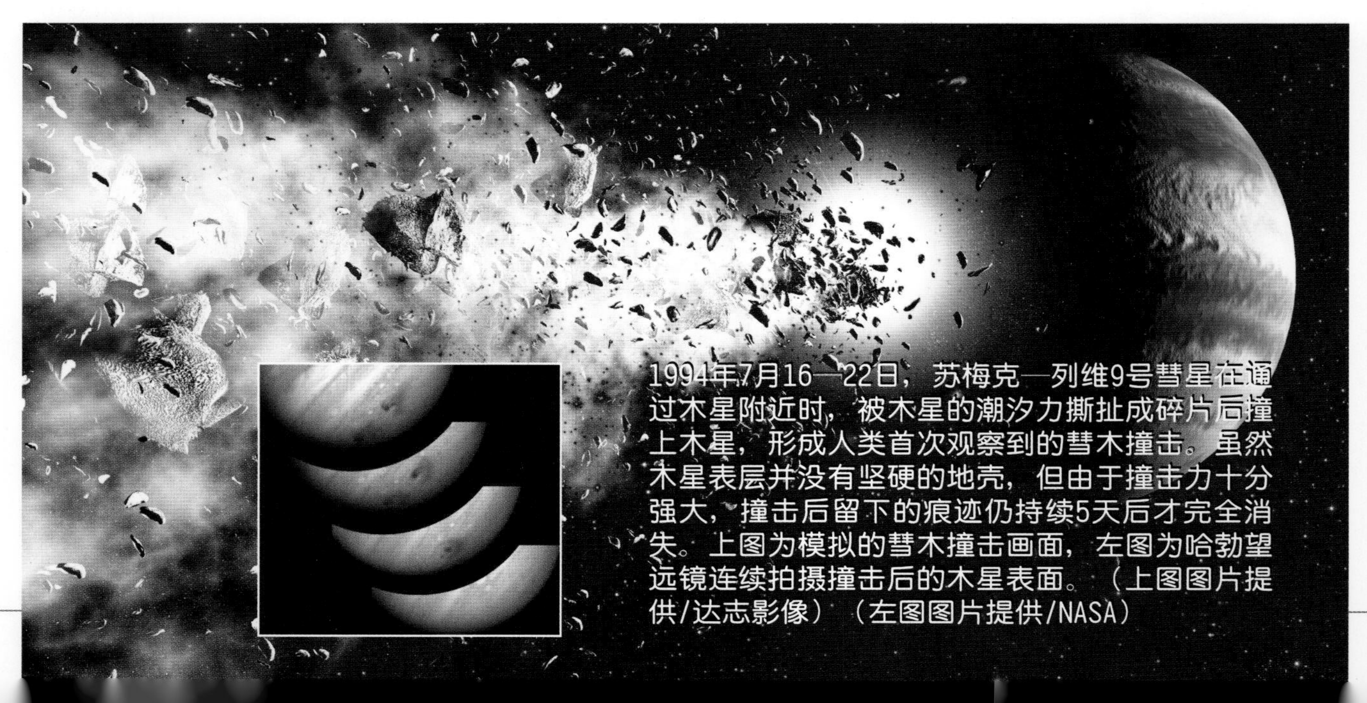

1994年7月16—22日，苏梅克—列维9号彗星在通过木星附近时，被木星的潮汐力撕扯成碎片后撞上木星，形成人类首次观察到的彗木撞击。虽然木星表层并没有坚硬的地壳，但由于撞击力十分强大，撞击后留下的痕迹仍持续5天后才完全消失。上图为模拟的彗木撞击画面，左图为哈勃望远镜连续拍摄撞击后的木星表面。（上图图片提供/达志影像）（左图图片提供/NASA）

木星的台风之王：大红斑

椭圆状的大红斑是木星表面最显眼的特征，南北宽约为1.4万千米，相当于地球的直径，东西宽度则是南北宽的2倍。它的大小足够将整个地球摆进去，而且还有多余空间。大红斑实际上是一个位于木星南半球的高气压风暴，早在1665年就被法国天文学家卡西尼观测发现，存在至今至少有300年以上。大红斑之所以能持续活跃这么长的时间，原因就在于木星大气层有着强烈气流，而且没有高山之类的地形，可以阻隔或削弱如此强大的气流。

在大红斑周围有许多类似漩涡的不规则线条，是受大红斑影响而形成的涡流。（图片提供/维基百科）

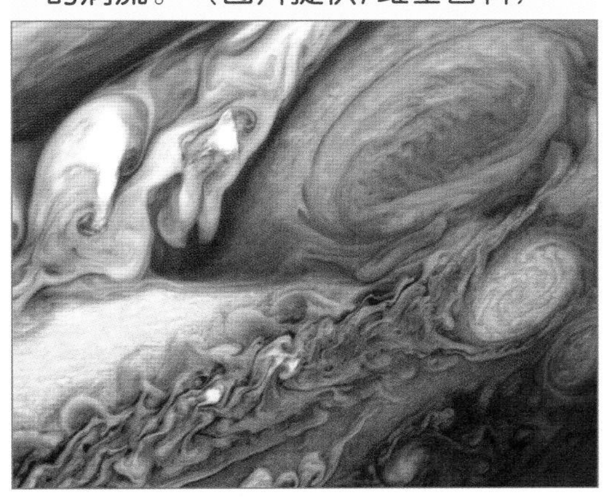

四颗伽利略卫星只是木星的卫星，但它们的大小却几乎与行星相当。四颗卫星由左至右依次为埃欧、卡利斯托、欧罗巴与盖尼米德。（图片提供/NASA）

四大卫星

至2006年为止，天文学家已经发现63颗木星卫星，木星是目前发现拥有卫星最多的行星，其中最大的四颗称为伽利略卫星，是由伽利略在1610年发现的。木星的名字Jupiter来自罗马神话中的众神之王朱庇特，天文学家便以神王的恋人们，将这四颗卫星分别命名为埃欧、欧罗巴、盖尼米德与卡利斯托。

埃欧距离木星非常近，受木星引力的影响，火山活动非常活跃，是太阳系中火山活动最活跃的天体。欧罗巴的表面覆盖着冰层，天文学家推测冰层下方可能是海洋，并怀疑有简单生命存在。盖尼米德则是太阳系中最大的卫星，体积比水星大，因为主要成分是冰与岩石，质量只有水星的一半。卡利斯托的表面布满陨石撞击的坑洞，与月球十分类似，由于它几乎没有地壳运动，因此成为太阳系最古老的地壳之一。

右图：欧罗巴地表由厚冰层构成，在木星的潮汐力影响下，冰层被扯破并露出下层物质，形成许多纵横交错的线条。（图片提供/NASA）

（拥有巨大陨石坑的土卫一，图片提供/NASA）

单元8

摇着呼啦圈的行星：土星

土星的英文名字Saturn，来自罗马神话的农神。土星外围有着绚丽的环状结构，但在早期品质不良的望远镜中，土星曾被看成是长着奇怪耳朵的星球。

土星主要由氢、氦构成，整体密度很小，可以在水面上漂浮而不下沉。（插画/黄钧佑）

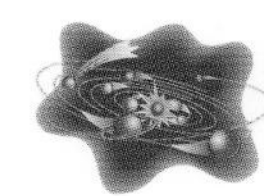

土星环的秘密

1610年，伽利略首先用自制望远镜观测到土星环，因望远镜的观测效果不佳，将它看成土星的两颗卫星。1655年，荷兰天文学家惠更斯以更精密的望远镜，观测到完整的土星环，并绘出它的构造图。1676年，法国天文学家卡西尼进一步观测到土星环中间还存在空隙。

土星环的组成物是许多大小不同的冰块和岩石碎片，小的只有沙粒大小，大的可以像一栋房子，这些物质构成成千上万的小细环，但可以分成七个主环。著名的卡西尼环缝就是A、B两个主环的分界。

天文学家目前还不确定土星环的成因，但认为可能是土星引力扯碎本身的卫星所形成，而靠

土星环由许多细碎颗粒构成，这些细粒能够反射阳光，因此从远处观测只能看到带状光环。带状光环的不同颜色，则是由细粒的分布密度不同所造成，例如卡西尼环缝就是因为缺乏细粒反射阳光而呈黑色。（插画/吴仪宽）

近土星轨道的彗星与小行星，也可能是土星环物质的补充来源。除了土星，天文学家发现木星、天王星、海王星也都有行星环，只是不明显。

消失的土星环

伽利略曾在1610年观测到土星环，并将它当成是土星的两颗卫星。但数年后，他却发现这两颗卫星（土星环）消失了！土星环本身其实并不厚，加上从地球上观看土星时，会因为地球与土星轨道相对位置的变化，使得地球上的观看者会看到不同角度的土星环。当土星环以它的侧面朝向地球时，薄薄的土星环便会消失在视线中，重现当年伽利略看到的现象。

土星表面可以看到与木星类似的条状云带及斑点状风暴，这是因为两者表面同样是由气态的氢、氦组成的。（图片提供/NASA）

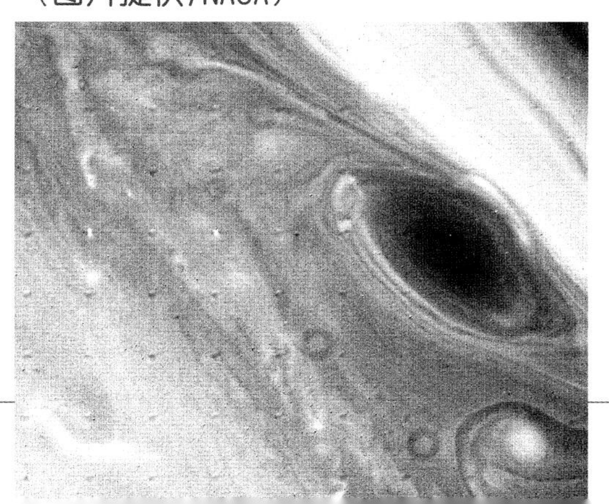

F环是位于土星环外围的一条细行星环，它靠着土星卫星潘多拉及普罗米修斯的引力来维持形状。（图片提供/NASA）

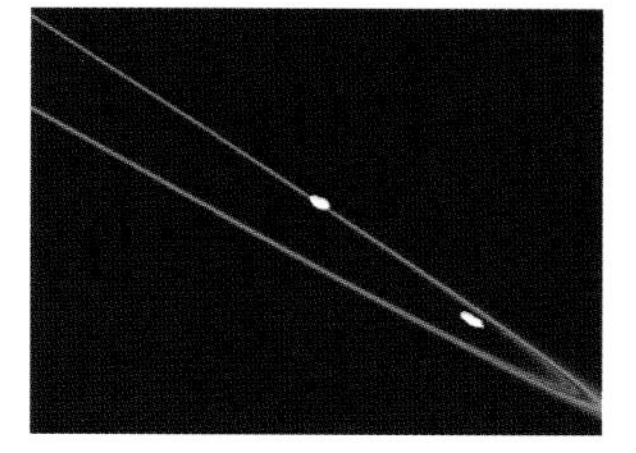

最大卫星和牧羊犬卫星

到2006年为止，天文学家总共发现土星有56颗卫星，在八大行星中排名第二。

土星最大的卫星泰坦（土卫六），是太阳系第二大卫星，也是唯一拥有浓厚大气层的卫星。泰坦的大气包含氮气及甲烷，与地球早期的大气成分相似，通过2004年飞抵土星的卡西尼—惠更斯号探测器传回的最新信息，天文学家相信泰坦及土卫二已具备形成简单生命的必要条件。

部分土星卫星像牧羊犬一样守卫在土星环的两侧，以本身的引力让行星环物质保持在固定轨道上，因而被称为牧羊犬卫星。不过这些牧羊犬卫星也会吸附周围的土星环物质，因此也可能是土星环缝的制造者。例如卡西尼环缝就可能是由土卫一吸附了附近的物质而形成的。

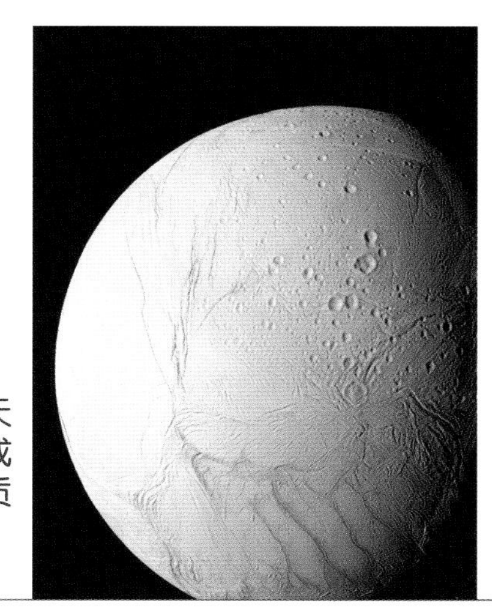

土卫二的表层覆满冰块，但天文学家推测，冰层下有着形成生命必需的液态水、有机物质及热量。（图片提供/NASA）

单元9

怪异行径的行星：天王星

（天王星环，图片提供/NASA）

水、金、火、木、土五颗行星，在天空中亮度较高而容易被注意到，很早就被古人发现。但从天王星开始的行星，距离远、亮度低，在天空中的移动速度也较慢，难以用肉眼观察到。天王星是18世纪以后新发现的第一颗行星。

与天王星“擦肩而过”

天王星是由英国天文学家赫歇尔在1781年以望远镜观测发现的。赫歇尔最初认为这颗会移动的新星是彗星，但经过其他天文学家的观测，才发现它是绕着太阳公转的行星。赫歇尔为了纪念他的赞助人英王乔治三世，将新行星命名为乔治之星，但这违反了以希腊罗马神祇为行星命名的惯例，最后还是以希腊神话的天空之神Uranus（乌拉诺斯）来为新行星命名。

天王星发现后，天文学家尝试以它的轨道追溯过去的位置，才发现许多人都曾观测过这颗行星。例如英国格林威治天文台第一任台长弗兰斯蒂德（1646—1719），就把天王星当作金牛座里的恒星，观测次数超过6次。法国天文学家勒蒙涅（1715—1799），也对天王星留下12次以上的观测纪录，但其中有9次天王星刚好都处于行星运动“留”的状态，看起来停滞不动。少了一点运气，让这几位天文学家与发现天王星“擦肩而过”。

赫歇尔发现天王星后，被英国皇室聘为皇家天文官。他后来又发现天王星的两颗卫星。（图片提供/达志影像）

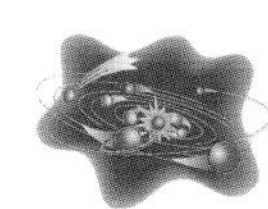

平静的大气层

天王星的体积在八大行星中排名第三。据推测，它的核心可能由岩石构成，外层包裹着由甲烷、氨气凝结成的冰块，最外面的大气层则是

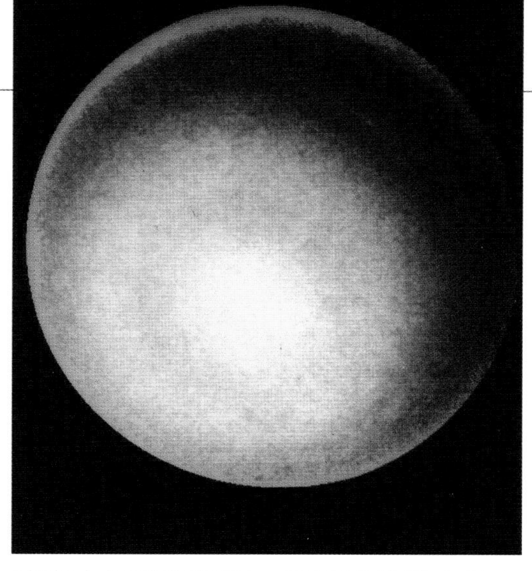
浓密大气层的遮挡，及缺乏类似木星大红斑的气流活动，让天王星的外观相当不起眼。（图片提供/NASA）

由氢、氦、甲烷等气体组成。由于天王星的质量较小，不会产生类似木星的强烈大气对流，因而只有季节性的大气变化，表面十分平静。

目前已发现天王星有27颗卫星，与其他行星的卫星命名不同，所有天王星卫星的命名都取自英国文学家莎士比亚与蒲柏作品中的人物，而非神话人物。天王星也有行星环，不过光芒过于黯淡，加上距离地球太远，所以天文学家直到1977年才发现天王星环的存在。

天王星环不如土星环壮观，但两者结构相似，图中标示的是位于天王星环内的两颗牧羊犬卫星。（图片提供/NASA）

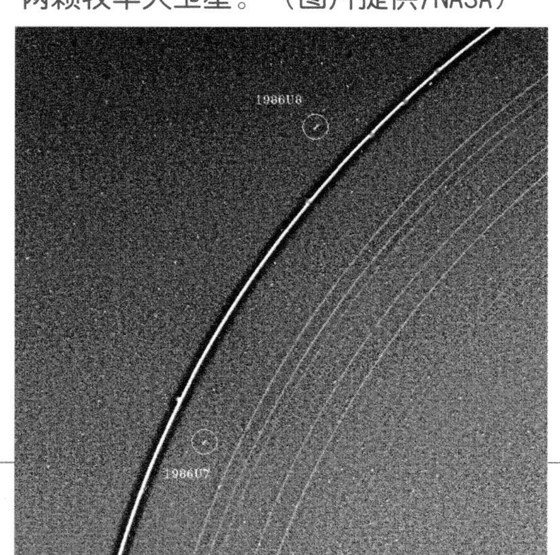

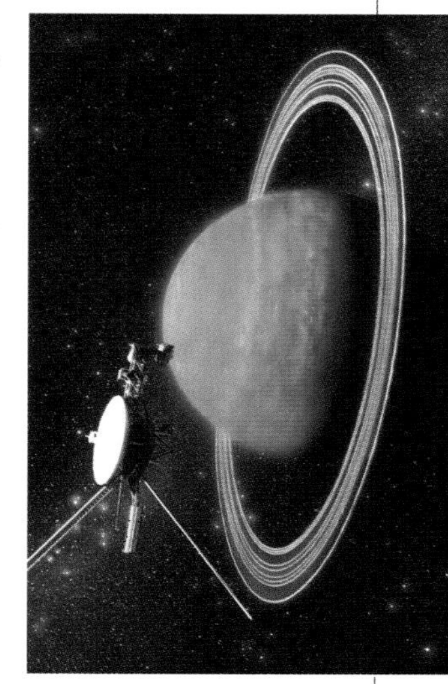
天王星距离地球遥远，不易对它进行观测研究。图为1986年旅行者2号探测器通过天王星时的模拟图。（图片提供/达志影像）

躺着转的行星

天王星与其他太阳系行星明显不同的特征，就是它的自转轴倾斜了98°，如果说地球是站着自转，那么天王星就是躺在轨道上自转。据推测，天王星可能曾被地球大小的天体撞击，导致整个自转轴倾斜。天王星的自转方式引发一个问题，就是“如何决定南北极”？国际天文学联合会规定，将地球北极位于黄道位置的方向称为上方，行星或卫星的极区位于黄道上方者就称为北极。由于这个规定不适用于天王星，因此天文学家又提出，把右手手指弯曲的方向当作是天体自转的方向，大拇指的指向就是北极，希望能以这个方法统一所有行星的南北极定义。

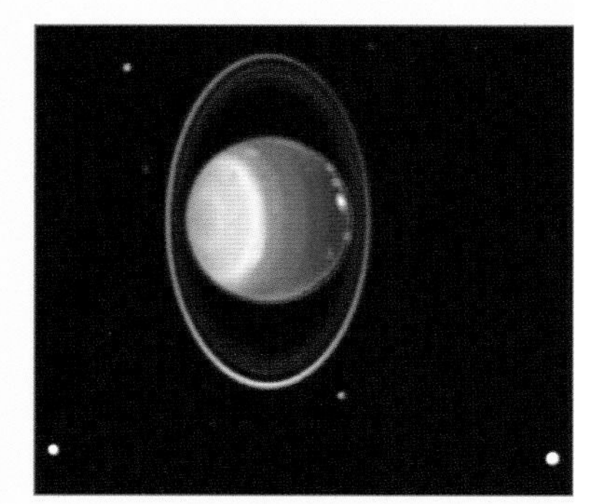
天王星奇特的自转方式同时影响到它的行星环方向与卫星的运转，让天王星的外观与众不同。图为天王星与周边的卫星。（图片提供/NASA）

单元10

狂风吹袭的蓝色行星：海王星

（海王星的大暗斑与下方的巫师之眼，图片提供/NASA）

海王星是八大行星中距离太阳最远的行星。在一般人的想象中，蓝色的海王星应是一片冰冻的海洋世界，所有的事物都缓慢运转着。事实上，海王星上并没有多少液态水，它的大气变化更是出乎意料地剧烈。

海王星是第一颗先通过数学运算找出位置、再以望远镜确认发现的行星。图为共同发现人亚当斯（左）及勒威耶（右）。（图片提供/维基百科）

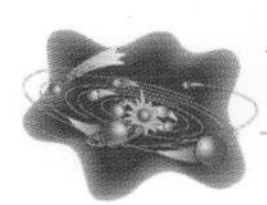

笔尖下发现的海王星

海王星的寻找与发现，与天王星有着密切关系。一些天文学家在观测天王星后，发现它的实际路径与理论轨道有明显的偏差，因而开始怀疑应该还有一颗未被发现的行星拉扯着天王星，否则无法解释轨道偏差的怪现象。

1845年，英国剑桥大学学生亚当斯，首先计算出这颗假想行星的位置，并请格林威治天文台和剑桥大学帮忙用望远镜搜寻，却因为报告未受重视而没来得及发现。1846年，法国的勒威耶也推算出位置，并请德国柏林天文台的加勒以望远镜确认。这颗新发现的行星稍后被命名为Neptune（罗马海神涅普顿）。由于亚当斯、勒威耶都是独立计算出海王星位置，因此两人成为海王星的共同发现者；而从笔尖下发现海王星，也成为天文学中“先计算，后提出观测证据”的先例。

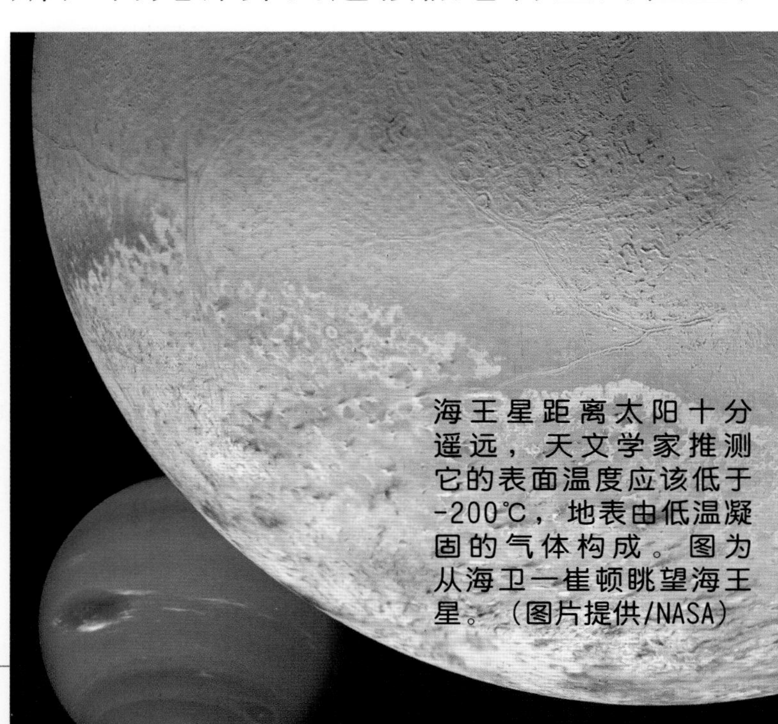

海王星距离太阳十分遥远，天文学家推测它的表面温度应该低于-200℃，地表由低温凝固的气体构成。图为从海卫一崔顿眺望海王星。（图片提供/NASA）

变化剧烈的大气

海王星的大气层与平静的天王星不同，它的天气变化非常剧烈，风速达2,000—2,500千米/时，是太阳系里最猛烈的强风。另外，海王星也会产生类似木星大红斑的风暴，最有名的一个称为大暗斑，大小相当于一个地球。大暗斑是1989年由美国国家航空航天局的旅行者2号探测器发现的，但天文学家在1994年以哈勃太空望远镜观测时，发现原本在南半球的大暗斑消失了，北半球却出现另一个大暗斑。这前后时期的两个大暗斑，究竟是同一个大暗斑的移动，还是一个消失，另一个成形，目前还无法确定。

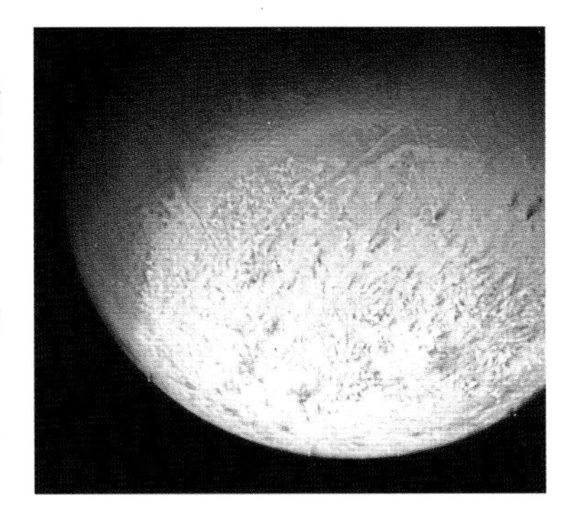

海卫一崔顿表面覆满冰层，但冰层下的地壳会进行地质活动，甚至有会喷发物质的冰火山。（图片提供/维基百科）

海王星也有行星环，不过海王星环的结构非常不明显，而且物质分布并不均匀，让早先的天文学家以为海王星没有行星环。目前已经发现海王星有13颗卫星，海卫一崔顿是13颗卫星中，唯一因为质量较大而能形成球形外观的卫星。

湛蓝的海王星

类木行星是指以氢、氦等气体为主要成分的行星，包括木星、土星、天王星与海王星。这四颗行星虽然都由大量的氢与氦组成，颜色却大不相同，最主要的原因是外层大气所含的成分不同。例如海王星的大气含有甲烷，会吸收太阳光里的红光并反射出蓝光，因而呈现蓝色；天王星的大气虽然也含有甲烷，却因为吸收红光程度的不同，结果呈现淡绿色。

海王星的表面除了大暗斑，还有许多蓝色条纹，这是与木星、土星有着相同成因的云带。（图片提供/NASA）

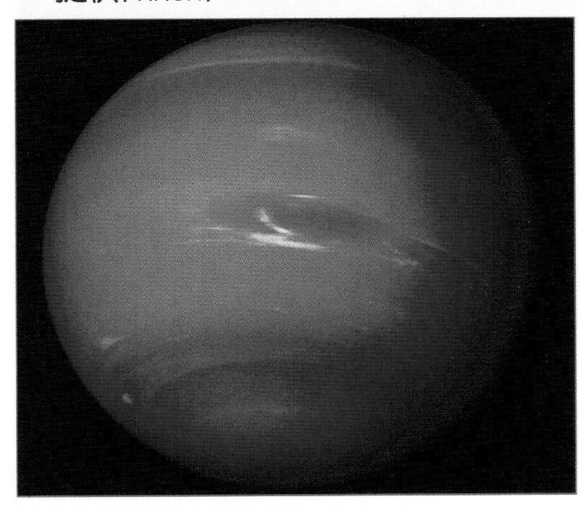

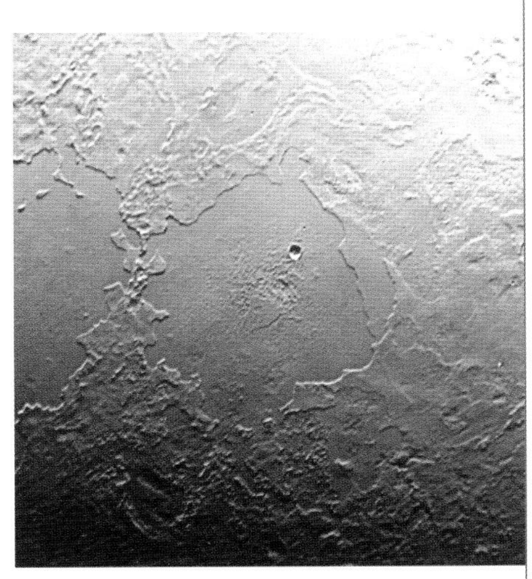

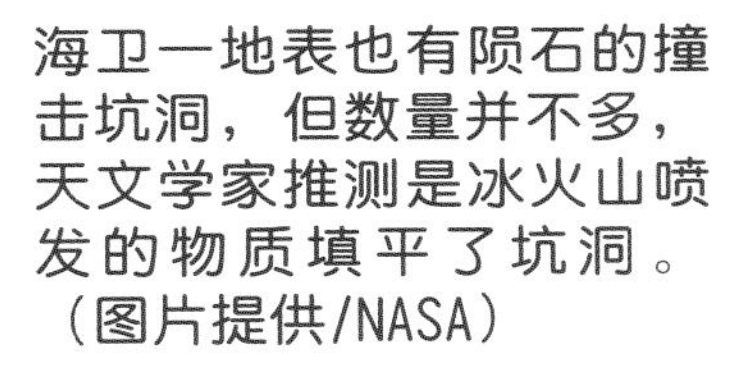

海卫一地表也有陨石的撞击坑洞，但数量并不多，天文学家推测是冰火山喷发的物质填平了坑洞。（图片提供/NASA）

被降级的X行星：冥王星

（冥王星与卫星卡戎的模拟图，图片提供/维基百科）

冥王星曾被认为是太阳系发现的最后一颗行星，但因体积、质量过小，它的行星资格一直备受争议。2006年8月24日，国际天文学联合会投票决定将冥王星降为矮行星，2008年6月又将其降为类冥矮行星，九大行星正式成为历史名词。

与众不同的冥王星

海王星发现后，许多天文学家开始更积极地寻找遥远行星的存在。美国天文学家洛威尔根据计算，推断海王星外应该还存在另一颗行星，并将它命名为“X行星”。洛威尔除了计算出X行星的可能位置，也推测X行星应该远比海王星黯淡，在天空中的移动距离也小。不过洛威尔一生都没能找到这颗行星，直到1930年美国天文学家汤博才找到它，并以罗马神话的冥王Pluto（普鲁托）为它命名，X行星才正式现身。

洛威尔自行出资在美国亚利桑那州设置的洛威尔天文台，在他过世后，仍持续搜寻X行星，终于在1930年发现。（图片提供/达志影像）

不过冥王星与八大行星明显不同。冥王星的体积、质量分别只有地球的千分之六及千分之二，比月球还小。此外，八大行星的公转轨道都是接近圆形的椭圆，但冥王星的轨道却是扁平的椭圆，倾斜角度也比较大，与某些小行星、彗星的轨道类似。

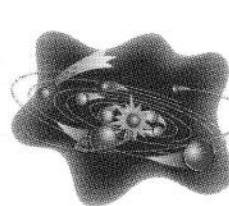

冥王星的探索与定位

天文学家虽发现冥王星，但因距

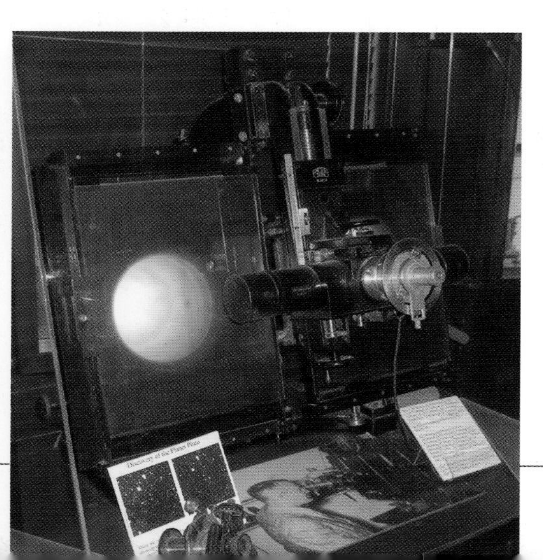

图为汤博用来搜寻冥王星的闪烁比对器，可以将两张不同时间拍摄的底片快速比对，从而确认天体的位置变化。（图片提供/维基百科）

地球、月球与冥王星及其卫星卡戎的体积比较。冥王星的体积比月球小，这成为它不被认为是行星的理由之一。（图片提供/维基百科）

离太远不易观测，研究工作难以展开。目前对冥王星的认识，除基本的体积、质量外，还推测出它的组成、结构应该与天王星、海王星相似。它的表面温度很低，并覆盖着由甲烷、氨凝结成的冰层。为了研究冥王星，美国国家航空航天局在2006年1月19日发射新地平线号探测器，预计将在2015年接近冥王星并展开观测。

自汤博发现冥王星后，天文学家对冥王星的行星地位一直有争议，原因在于它的质量、轨道与八大行星相差太大。尤其是天文学家提出柯伊伯带天体理论后，许多人开始认为冥王星只能算是柯伊伯带天体。1998年，国际天文学联合会就曾讨论是否取消冥王星的行星资格，其后在2006年对行星做出明确定义后，终于使冥王星正式退出行星行列。

相看两不厌的冥王星与冥卫一

一般的卫星都以行星作为绕行中心，但是冥王星与卫星卡戎却有着不同的绕行方式。由于冥王星的质量过小，因此它的运转也受到卫星卡戎影响：当卡戎绕着冥王星公转时，冥王星也以相同的周期绕着卡戎公转，结果两个天体永远以相同的一面对着对方运转，好像两位彼此牵着双手、在原地面对面旋转的小朋友。这样的运转方式有如恒星中的双星系统，因此被称为双矮行星系统。根据天文学家推测，地球与月球在很长时间后，也会渐渐变成这样的运转方式。

科学家相信在柯伊伯带有许多与图中冥王星、卡戎类似的双矮行星系统。（图片提供/达志影像）

冥王星与卫星卡戎的大小相差并不大，加上两者距离很近，因此可以看到冥王星本身的影子落在占据大片天空的卡戎身上。（图片提供/达志影像）

单元12

小行星

（月亮与谷神星，图片提供/维基百科）

小行星在天文学中的定义是“主要分布在火星与木星轨道间，体积比行星小许多，以椭圆轨道绕着太阳运转的小天体”。实际上，小行星也出现在地球附近，它们可能会影响人类未来的生存。

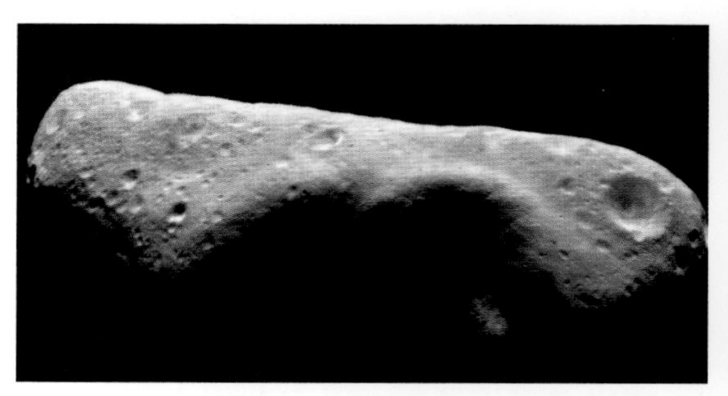

近地小行星Eros（爱神星），美国国家航空航天局曾对它进行勘探。（图片提供/NASA）

小行星的发现

天文学家在18世纪时提出“提丢斯—波德定则”，说明各行星与太阳的距离有特殊的规律，这个定则成为搜寻太阳系新行星的重要线索。但依照提丢斯—波德定则的计算，火星与木星轨道间应该还有一颗行星，但天文学家却始终找不到它的存在。

1801年，意大利天文学家皮亚齐在火星、木星间发现直径不到1,000千米的谷神星，稍后又陆续发现许多类似的小型天体，天文学家才确认火星、木星轨道间并没有行星，却有许多如碎石的小天体，于是便将这些小天体命名为小行星，并将这一环状区域称为小行星带。目前在太阳系内已发现超过50万颗的小行星，其中90%都位于小行星带。早期的天文学家相信，小行星带的小行星群是由一颗行星碎裂而成，但目前则认为这些小行星可能是太阳系形成后留下的“剩余建材”。

天文学家最初推测小行星带的小行星是由一颗大行星崩碎而成，但目前认为这些散落的小行星是来不及聚合形成一颗行星而留下来的物质。（图片提供/达志影像）

1908年西伯利亚的通古斯事件，科学家研究后判定是小行星未落地前就发生爆炸，以至于地面树木被冲击波击倒。（图片提供/维基百科）

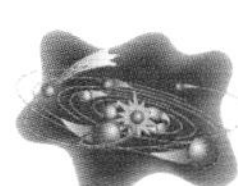

小行星的分布与成分

小行星的质量小，容易受行星引力影响，因此大多聚集在几个特定区域：90%的小行星在小行星带上运转；小行星带外侧的希腊族和特洛伊族小行星群，与木星共用轨道；最接近地球的近地小行星群，则位于火星轨道内。天文学家特别关心近地小行星，因这类小行星如果太接近地球，可能会撞击地球表面，为人类带来难以预测的灾害。

行星	k	提丢斯—波德定则	与太阳平均距离
水星	0	0.4	0.39 A.U.
金星	1	0.7	0.72 A.U.
地球	2	1.0	1.00A.U.
火星	4	1.6	1.52A.U.
谷神星	8	2.8	2.77A.U.
木星	16	5.2	5.20A.U.
土星	32	10.0	9.54A.U.
天王星	64	19.6	19.2A.U.
海王星	128	38.8	30.07A.U.
冥王星	256	39.44	39.48A.U.

上表为提丢斯—波德定则预测的距离与实际距离的比较。公式为：$a = 0.4 + 0.3 \times k$（距离a的单位为天文单位）

小行星的组成成分并不一致，天文学家以此将小行星分成四类，分别是以碳为主的C型、包含铁镍金属及锰硅酸盐的S型、由纯铁镍金属组成的M型，以及成分不明的U型。其中C型小行星占总数的75%以上，是最主要的小行星种类。如果小行星真的是太阳系的剩余建材，那么研究小行星将有助于了解太阳系形成及早期演化。

小天体撞地球

天文学家估计连同近地小行星在内，地球附近约有30万颗以上直径超过100米的小天体，平均每数千年便会发生一次撞击地球的事件。不过小天体愈大，数量就愈少，撞击几率也越低，例如直径1,000米以上的小天体约有1,100颗，平均每50万年才会撞击地球1次。但如果撞击事件发生，小天体撞击地球时产生的高热与灰烬，会使大气层布满尘埃，以至于阳光无法照射到地表，地球气候将发生极大变化，甚至造成全球生物的大灭绝。

科学家推测在6,500万年前可能有小行星撞击地球造成气候剧变，恐龙因无法适应而灭绝。（图片提供/达志影像）

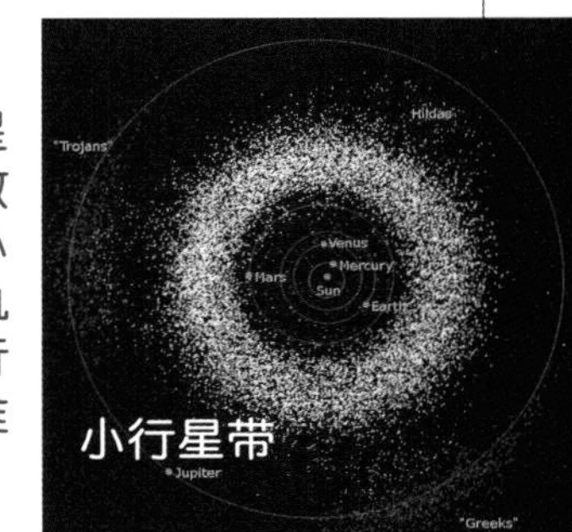

图为太阳系小行星分布图，绝大多数的小行星都位于小行星带，但木星轨道上也有少量小行星。（图片提供/维基百科）

（观测彗星的探测器，图片提供/NASA）

单元13

太阳系的流浪者：彗星

人类很早就观察到彗星的存在，由于彗星拖着长长的尾巴，因此又被称作“扫把星”、“灾星”或“妖星”，并被视为不吉祥的象征。其实，彗星是被冤枉的，但它的长尾巴究竟是如何形成的呢？

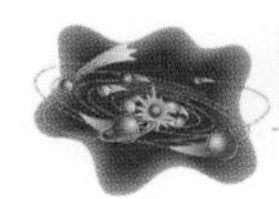

彗星的成分与结构

天文学家将彗星戏称为“脏雪球”或“尘球”，因为彗星的本体彗核看来就如雪球一般，是由石块、泥土和冰块组成；不过其中的冰块，大部分是由氨、甲烷与二氧化碳遇冷凝结而成，与一般冰块的成分不同。彗核中的石块，则是原本飘浮在太空中的各种岩石碎片。

彗尾可分为两部分，一是由喷离彗核的灰尘构成的白色灰尘尾，一是由游离气体组成的离子彗尾。图为1997年的海尔—波普彗星。（图片提供/达志影像）

麦克诺特彗星在2007年1月抵达近日点时，它的扇形彗尾变得相当清楚。（图片提供GFDL，摄影/Fir0002）

彗核并不是我们肉眼所见的彗星。当彗核沿轨道运行到太阳附近，受到太阳光与热的照射时，彗核表面的结冻物质就会融解、喷发，在彗核外围形成能够反射太阳光的气团，称为彗发。等到彗星非常接近太阳时，彗发在太阳风的吹袭下，部分云气会被吹离并往背离太阳的方向延伸，形成长发状的彗尾。换句话说，当彗核接近太阳而产生彗发、彗尾时，彗星的完整结构才成形，成为我们印象中的彗星。

彗核的物质并不是均匀混合状态，因此受到太阳风吹袭时，彗核并不会均匀喷发。（图片提供/NASA）

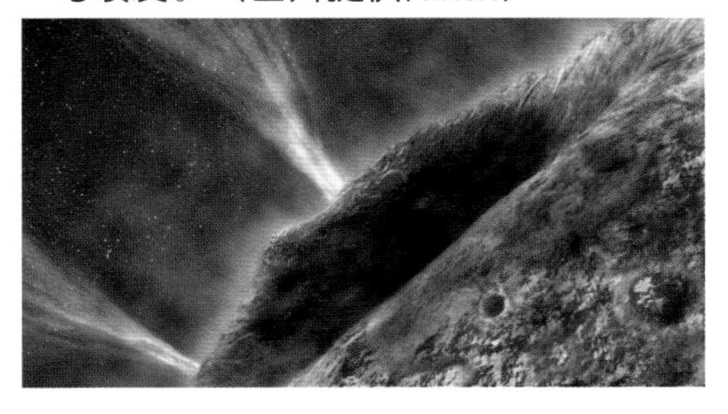

彗星与流星雨

当彗核靠近太阳时，会在太阳风吹袭下而从表面喷发出大量岩石碎片，这些碎片会停留在彗星轨道附近。当地球运行至碎片附近时，碎片就会受地球引力影响而坠入地球的大气层形成流星；如果碎片数量足够多，就会形成流星雨。由于地球公转的轨道与周期变化非常小，因此每年总会在固定的时间接近特定碎片群，从而让人们每年都可以看到几场定期上演的流星雨，例如1月的象限仪座流星雨、8月的英仙座流星雨及11月的狮子座流星雨。

彗星接近太阳时会留下大量的尘埃，翌年的流星雨往往会特别壮观，如1833年的狮子座流星雨。（图片提供/维基百科）

远离太阳风的影响范围时，不喷发的彗核只是一颗不会发光的小天体。图为坦普尔1号彗星的彗核。（图片提供/NASA）

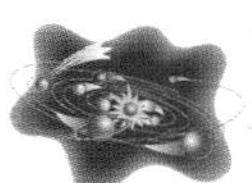

彗星的起源

关于彗星的起源，天文学家还没有明确的答案，不过他们相信与太阳系的形成有密切关系。太阳系的前身，是由气体、尘埃组成的大团云气，这团云气在约50亿年前形成太阳、行星与卫星等大型天体后，部分残存的云气可能就聚集形成彗星。在太阳系形成初期，彗星可能随处可见，这些彗星常撞上行星，影响年轻行星的成长与演化，地球上大量的水，可能就是与地球相撞的彗星留下的。

不过靠近太阳系中心区域的彗星，由于跟太阳、行星和卫星碰撞，或是被太阳辐射蒸发，目前几乎都已经消失。现在可以看到的彗星，大多来自太阳边缘，这些彗星依公转周期200年为界，分为长周期彗星与短周期彗星。天文学家依照彗星的公转周期推测，长周期彗星可能来自位于太阳系最边缘的奥尔特云，而短周期彗星则来自海王星轨道外的柯伊伯带。

彗核有时会崩碎成数十个小碎片，当这些小碎片在同一轨道上移动时，就会形成像图中的成串彗星。（图片提供/NASA）

单元14

太阳系的边城：柯伊伯带天体

（柯伊伯带天体，图片提供/维基百科）

天文学家发现海王星、冥王星之后，除了持续搜寻新的太阳系天体，也开始关心一个问题：太阳系的边界在哪里？柯伊伯带天体的发现，终于让天文学家有了研究的对象。

柯伊伯带的理论与发现

冥王星发现后，美国天文学家柯伊伯和爱尔兰天文学家艾吉沃斯注意到，太阳系质量的分布在海王星外忽然急剧减少，因而在1951年提出一个理论，认为从海王星轨道到距离太阳50天文单位之间的环状区域，存在着许多小天体，它们是由太阳系形成后的残存物质所组成，而冥王星就是这个天体群里的一名成员。1992年，天文学家使用新型的观测仪器，找到第一颗柯伊伯带天体，证实了柯伊伯的理论，这个环状区域就称为柯伊伯带。

图为天文学家绘制的柯伊伯带示意图，图上标示的共振柯伊伯带天体的轨道偏向椭圆，与八大行星的圆形轨道不同。（图片提供/NASA）

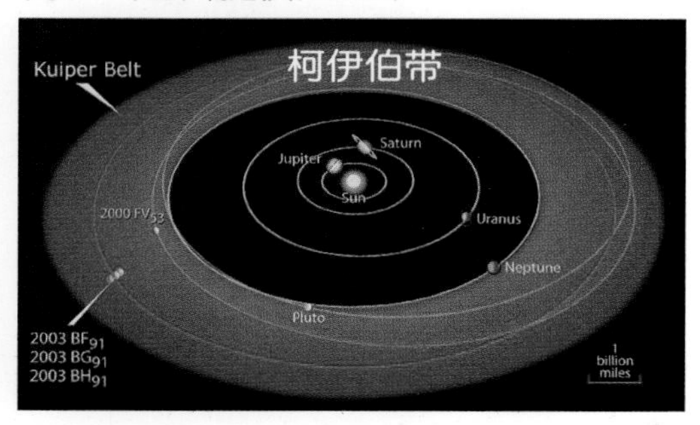

目前科学家已在柯伊伯带发现超过上千颗柯伊伯带天体，这些天体可以依

掩星法

柯伊伯带天体与地球的距离，往往都有数十天文单位，加上它们本身并不发光，因此测量它们的直径成为一个难题。目前天文学家采取的方法主要有三种：掩星法、反射率法及热力学测量法。其中的掩星法是利用一颗柯伊伯带天体在移动时遮蔽后方恒星光芒的“掩星”现象进行计算，只要事先知道柯伊伯带天体、后方恒星的距离，再测量出后方恒星在发生掩星时的光度变化、时间长短，就能计算出柯伊伯带的直径。

为了探测柯伊伯带，美国国家航空航天局于2006年1月发射新地平线号探测器。图为准备组装的新地平线号。（图片提供/NASA）

轨道分成两大类：典型柯伊伯带天体的公转轨道接近圆形，不与海王星轨道交接；共振柯伊伯带天体的运转受到海王星的影响，有着与冥王星相似的椭圆轨道，因此又被称为类冥王星天体。

柯伊伯带的形成

天文学家推测柯伊伯带的天体总质量，大约是地球的1/10，目前已经发现10颗直径超过1,000千米的天体，其中包含引发冥王星行星地位争议的Eris，至于直径超过100千米的柯伊伯带天体，预估总数超过10万颗。此外，天文学家也从许多短周期彗星的轨道，推测柯伊伯带应该就是这些彗星的故乡。

不过天文学家认为，这些位于太阳系边缘的柯伊伯带天体，并不是在目前的位置上形成的，而是先在现在的海王星轨道上成形，再被海王星推挤出去的。海王星刚形成时，要比现在更靠近太阳，后来海王星的轨道逐渐外扩，也将这些天体向外推移。大部分的天体被海王星的引力“甩出”太阳系，剩下的天体则受它的引力影响，持续向外推移后停留在目前的柯伊伯带范围内，而成为柯伊伯带天体。

海卫一崔顿的自转方向与海王星相反，加上它的结构、成分与冥王星十分接近，天文学家推测海卫一应该是被海王星捕捉的柯伊伯带天体。（图片提供/NASA）

下图为几个较大型的柯伊伯带天体，其中包含曾被列为第十颗太阳系候选行星的Eris，以及刚成为矮行星的冥王星。（图片提供/NASA）

柯伊伯带天体距离太阳十分遥远，即使用哈勃太空望远镜也不易收集到相关信息。但研究柯伊伯带有助于了解太阳系的整体结构及发展历史。图为艺术家模拟从柯伊伯带眺望太阳的情景。（图片提供/维基百科）

英语关键词

太阳系 Solar System

小行星带 Asteroid Belt

柯伊伯带 Kuiper Belt

恒星 star

行星 planet

矮行星 dwarf planet

太阳系小天体 Small Solar System Body

卫星 natural satellite

小行星 asteroid / minor planet

彗星 comet

柯伊伯带天体 Kuiper Belt Object

太阳 Sun

水星 Mercury

金星 Venus

地球 Earth

火星 Mars

木星 Jupiter

土星 Saturn

天王星 Uranus

海王星 Neptune

冥王星 Pluto

谷神星 Ceres

阋神星 Eris

月球 Moon

火卫一 Phobos

火卫二 Deimos

木卫一 Io

木卫二 Europa

木卫三 Ganymede

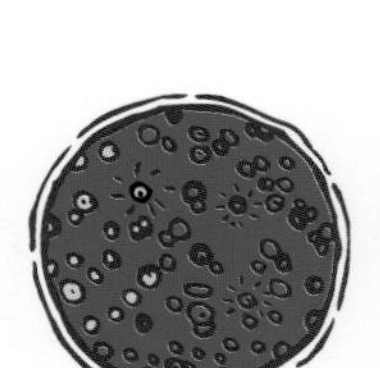

木卫四 Callisto

土卫二 Enceladus

土卫六 Titan

海卫一 Triton

冥卫一 Charon

公转 revolution

自转 rotation

轨道 orbit

万有引力 gravitation

质量 mass

辐射层 radiation zone

对流层 convection zone

光球层 photosphere

色球层 chromosphere

日冕 corona

太阳黑子 sunspot

日珥 solar prominence

耀斑 solar flare

太阳风 solar wind

卡路里盆地 Caloris Basin

水手号峡谷 Valles Marineris

麦克斯韦尔山脉 Maxwell Montes

奥林帕斯火山 Olympus Mons

赫拉斯盆地 Hellas Planitia

大红斑 Great Red Spot

卡西尼环缝 Cassini Division

大暗斑 Great Dark Spot

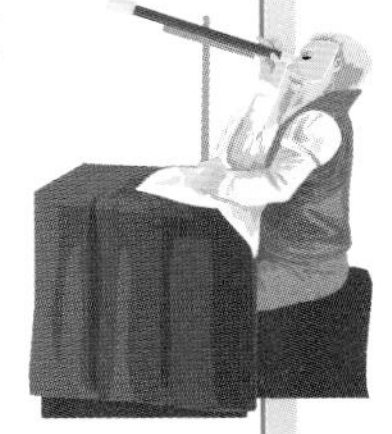

皮亚齐 Giuseppe Piazzi

赫歇尔 Friedrich Wilhelm Herschel

亚当斯 John Couch Adams

勒威耶 Urbain Le Verrier

洛威尔 Percival Lowell

汤博 Clyde William Tombaugh

柯伊伯 Gerard Kuiper

国际天文学联合会 IAU, International Astronomical Union

新视野学习单

1 下列天体均属于太阳系成员，请为它们选择正确的种类。

太阳·	·行星
埃欧·	·矮行星
冥王星·	·卫星
哈雷彗星·	·恒星
土星·	·太阳系小天体

（答案见06—09页）

2 下列对太阳的叙述，哪个是正确的?

（　）太阳散发的能量来自内部的辐射层。

（　）我们平常看见的太阳表面，属于太阳的对流层。

（　）只有在发生日全食时，我们才能以肉眼看见太阳的日冕。

（　）在太阳黑子涵盖的范围内，所有的太阳表面活动都会停止。

（答案见08—09页）

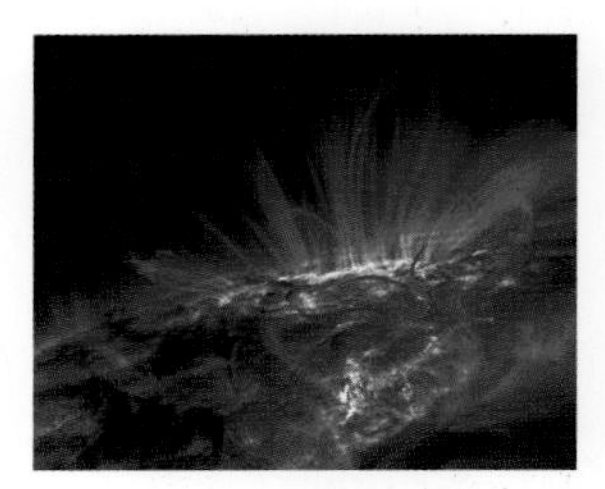

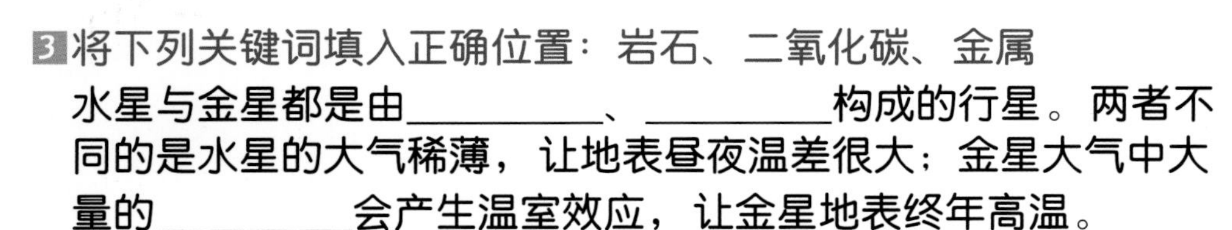

3 将下列关键词填入正确位置：岩石、二氧化碳、金属

水星与金星都是由________、________构成的行星。两者不同的是水星的大气稀薄，让地表昼夜温差很大；金星大气中大量的________会产生温室效应，让金星地表终年高温。

（答案见10—13页）

4 以下是火星的几项地表特征，请为它们选择正确的描述。

极冠·	·火星地表气压最大的区域。
火红色地表·	·由固态的二氧化碳构成。
奥林帕斯火山·	·因地表含有大量的氧化铁成分。
赫拉斯盆地·	·太阳系中已知山脉中的最高峰。

（答案见16—17页）

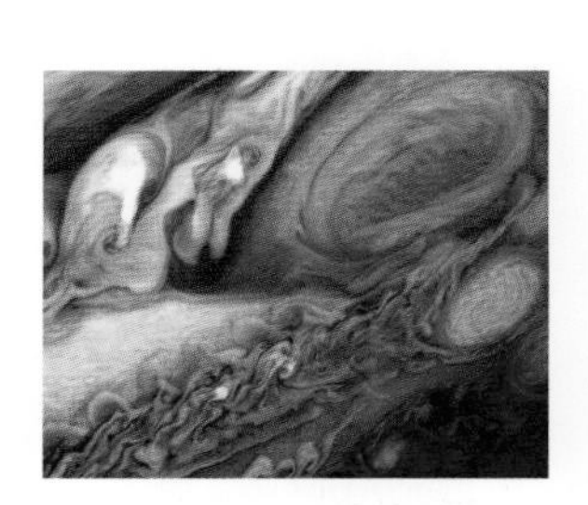

5 下列是太阳系行星中较著名的几处地形或特征，请选出它们所在的行星。

卡路里盆地·	·木星
大红斑·	·金星
麦克斯韦尔山脉·	·海王星
大暗斑·	·水星

（答案见10—13、18—19、24—25页）

6 下列有关太阳系类木行星的叙述，哪个是错误的?
（ ）类木行星包含木星、土星、天王星及海王星。
（ ）类木行星主要是由氢、氦等气体元素构成。
（ ）类木行星的体积都比类地行星大。
（ ）类木行星中只有土星拥有行星环。
（答案见06—07、18—25页）

7 冥王星从行星降级为矮行星的原因，下列叙述哪个是错误的?
（ ）冥王星的质量、体积比属于卫星的月亮还小。
（ ）冥王星的质量过小，无法清除公转轨道上的其他天体。
（ ）冥王星的公转轨道过于倾斜，与其他行星的轨道不同。
（ ）冥王星只有一个卫星，卫星数量太少。
（ ）许多天文学家认为冥王星应该属于柯伊伯带天体。
（答案见06—07、26—27页）

8 下列叙述中，哪些是对小行星的正确叙述，请打勾。（多选）
（ ）绝大多数的小行星都均匀散布在太阳系的范围内。
（ ）位于火星与木星轨道之间的小行星带，是小行星的主要聚集区域。
（ ）小行星撞击地球的几率很低，人类不必担心地球会因此发生灾害。
（ ）天文学家很关心近地小行星，因为它们可能会撞上地球。
（答案见28—29页）

9 填入正确的关键词：太阳风、彗发、石块、彗尾、泥巴、冰块。
天文学家将彗星戏称为“脏雪球”，因为彗星的本体彗核是由______、______及______组成，与水冰做成的雪球只有成分上的不同。当彗核接近太阳时，会受______吹袭而产生______与______，而成为我们熟悉的彗星。
（答案见30—31页）

10 下列对柯伊伯带的叙述，哪个是错误的?
（ ）柯伊伯带的理论是由美国天文学家柯伊伯提出的。
（ ）曾名列行星的冥王星，也属于柯伊伯带天体。
（ ）柯伊伯带天体是被海王星向外推挤，才移到目前的位置的。
（ ）天文学家估计柯伊伯带天体的总数不会超过10万颗。
（ ）柯伊伯带同时也是许多短周期彗星的故乡。
（答案见32—33页）

我想知道……

这里有30个有意思的问题，请你沿着格子前进，找出答案，你将会有意想不到的惊喜哦！

体占太
质量的
P.07

目前航行最远的探测器是哪个？
P.07

我们肉眼看到的太阳表面，是哪一层结构？
P.08

不错哦，你已前进5格。送你一块亚洲金牌！

极光是怎么产生的？
P.09

了，赢
洲金

哪两颗土星卫星具备形成简单生命的条件？
P.21

为什么天王星迟至18世纪才被发现？
P.22

为什么水星地表昼夜温差特别大？
P.11

太好了！
你是不是觉得：
Open a Book！
Open the World！

西方人为行星命名的惯例是什么？
P.22

八大行星中哪颗行星最明亮？
P.12

大洋
牌。

哪颗行星是先从计算推算出的？
P.24

为什么说天王星是躺着自转的行星？
P.23

金星为什么是地球的姊妹星？
P.12

哪个项
大行星
第一？
P.15

为什么在金星上度日如年？
P.12

获得欧洲金牌一枚，请继续加油！

为什么金星地表上的地形都以女性命名？
P.12

图书在版编目（CIP）数据

太阳系：大字版 / 徐毅宏撰文. —北京：中国盲文出版社，2014. 5

(新视野学习百科；02)

ISBN 978-7-5002-5037-1

Ⅰ. ①太… Ⅱ. ①徐… Ⅲ. ①太阳系—青少年读物 Ⅳ. ① P18-49

中国版本图书馆 CIP 数据核字 (2014) 第 064843 号

原出版者：畅談國際文化事業股份有限公司
著作权合同登记号 图字：01-2014-2127 号

太 阳 系

撰　　文：徐毅宏
审　　订：陈文屏
责任编辑：徐廷贤
出版发行：中国盲文出版社
社　　址：北京市西城区太平街甲 6 号
邮政编码：100050
印　　刷：北京盛通印刷股份有限公司
经　　销：新华书店
开　　本：889×1194　1/16
字　　数：33 千字
印　　张：2.5
版　　次：2014 年 12 月第 1 版　2014 年 12 月第 1 次印刷
书　　号：ISBN 978-7-5002-5037-1/P · 29
定　　价：16.00 元
销售热线：（010）83190288 83190292

绿色印刷　保护环境　爱护健康

亲爱的读者朋友：

本书已入选“北京市绿色印刷工程—优秀出版物绿色印刷示范项目”。它采用绿色印刷标准印制，在封底印有“绿色印刷产品”标志。

按照国家环境标准（HJ2503-2011）《环境标志产品技术要求 印刷 第一部分：平版印刷》，本书选用环保型纸张、油墨、胶水等原辅材料，生产过程注重节能减排，印刷产品符合人体健康要求。

选择绿色印刷图书，畅享环保健康阅读！

北京市绿色印刷工程